古典园林与现代城市景观的研究

黄青火　著

电子科技大学出版社
University of Electronic Science and Technology of China Press
·成都·

图书在版编目(CIP)数据

古典园林与现代城市景观的研究 / 黄青火著. — 成都 : 电子科技大学出版社, 2020.12
ISBN 978-7-5647-8641-0

Ⅰ. ①古… Ⅱ. ①黄… Ⅲ. ①古典园林－园林艺术－研究－中国②城市景观－景观设计－研究－中国 Ⅳ. ①TU986.62②TU-856

中国版本图书馆CIP数据核字(2020)第254968号

古典园林与现代城市景观的研究
GUDIAN YUANLIN YU XIANDAI CHENGSHI JINGGUAN DE YANJIU

黄青火 著

策划编辑 杜 倩 李述娜
责任编辑 李 倩

出版发行 电子科技大学出版社
成都市一环路东一段159号电子信息产业大厦九楼 邮编 610051
主 页 www.uestcp.com.cn
服务电话 028-83203399
邮购电话 028-83201495

印 刷 石家庄汇展印刷有限公司
成品尺寸 170mm × 240mm
印 张 13.5
字 数 241千字
版 次 2020年12月第1版
印 次 2020年12月第1次印刷
书 号 ISBN 978-7-5647-8641-0
定 价 79.00元

前　言

城市景观作为人类生活美学和人文情怀的寄托，不断沉淀，并汲取了现代景观规划设计理念，在功能和形式上经历了一场深刻变革。随着现代生态文明城市建设的深入推进，“虽由人作，宛自天开”的审美旨趣再次进入人们的视野，“自然”成为现代城市景观建设规划的最高境界。中国古典园林是我国传统建筑的重要组成部分，以丰富的园林文化、精湛的营造技艺、优美的建筑景观群以及其中蕴含的博大的民族文化享誉世界。本书的研究目的主要是深度挖掘古典园林所蕴含的文化精髓，学习古代造园技艺，使其与现代城市景观完美融合，并将城市生态文明纳入考虑范围，以确保城市景观的可持续发展。

本书第一章对古典园林与城市景观进行了简要解读，从不同维度对比了中西方古典园林；第二章对中国古典园林的艺术元素及手法进行分析；第三章分析现代城市景观规划设计的类型以及古今差异，找出其中文化传承与变迁轨迹。第四章主要对城市绿地及开敞空间的系统规划与发展进行概括，阐明了城市绿地系统的功能和效益，分析城市开敞空间系统规划原则，讨论如何以绿地系统为核心构建绿色开敞空间系统。经过四个章节的系统论述后，第五章从古典园林文化元素、空间元素、艺术元素三个方面入手，分析不同元素在现代城市景观中的影响和表现方式。最后，第六章结合前文分析的现代城市景观规划现状，以生态观、自然观为出发点，详述未来城市景观发展趋势。历史对于现代的影响是深刻的，但这种影响也是隐性的，找到这种影响的根源，对未来的发展将有巨大的帮助。

本书参考、借鉴了国内外许多专家学者的专著、论文和研究报告，

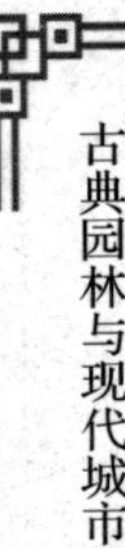

在此对这些学者表示衷心的感谢。同时，对于本书中未列出的引用文献和论著，我们深表歉意，并同样表示感谢。由于时间及编者水平所限，本书难免存在不足之处，我们真诚地欢迎各位专家、读者对本书提出宝贵的意见和建议。

目　录

第一章　古典园林与城市景观解读

第一节　园林的系统概论

一、园林的含义

（一）国外的“园林”定义

拉丁语系的Garden、Garden、Jargon等源于古希伯来文的Gen和Eden的结合。前者意为界墙、藩篱，后者即乐园。按照全国科学技术名词审定委员会颁布的《建筑 园林 城市规划名词》规定，“园林”被译为garden and park，即“花园及公园”。garden一词，现代英文意思为“花园”，但它的本意不只是花园，还包括菜园、果园、草药园、猎苑等。park一词即是公园之意。

（二）中国的“园林”定义

“园林”一词在古汉语中由来已久，泛指各种不同的、特定培养的自然环境和游憩境域。《娇女诗》：“驰骛翔园林，果下皆生摘。”《洛阳伽蓝记》：“园林山池之美，诸王莫及。”《杂诗》：“暮春和气应，白日照园林。”这里的“园林”就是我们今天所谓的有树木花草、假山水榭、亭台楼阁

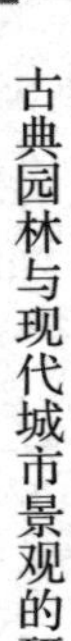

等，供人休息和游玩的地方。

“园”原意为种植花果、树木、蔬菜的地方，周围有垣篱。《诗经·郑风·将仲子》：“将仲子兮，无逾我园，无折我树檀。”《毛传》：“园，所以树木也。”《说文》：“园，所以树果也。”到了汉代，园又有帝王或王妃的墓地等含义。《正字通·口部》：“园，历代帝后葬所曰园。”园还指供人憩息、游乐或观赏的地方。《汉成阳令唐扶颂》：“白菟素鸠，游君园庭。”

从“园”字的演化看，外框表示围墙，代表人工构筑物；框内上端形似“山”字，表示山地、地形变化；框内中端形似“口”字，表示水井口，代表水体；框内下端形似“枝杈”的字表示树枝，代表树木（图1–1）。如果我们对中国古典园林景观加以分析，不难发现园林均有水池、树木、花草和堆石，由自然园子和人工的屋舍共同组成。最初的古典园林几乎都是居室前有一水池，配有树木、花卉、假山，并以墙垣相围合，也可以说“园”包含自然的因子和人工的元素。它又包含了古代人们在思想意识和艺术心理方面的要求。因此，它具有物质和精神的双重作用。

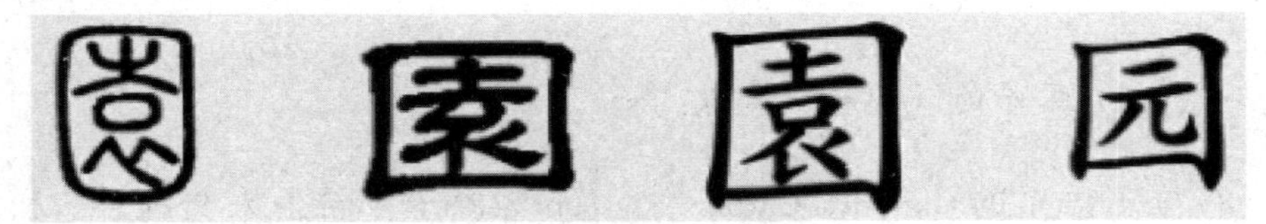

图 1–1　“园”字的演化

在漫长的园林历史发展中，“园林”的含义有了较大的丰富和发展，但没有一个公认的明确的定义。《辞海》中不见“园林”一词，只有“园”。“园”有两种解释：①四周常围有垣篱，种植树木、花卉或蔬菜等植物和饲养、展出动物的绿地。如公园、植物园、动物园等。②帝王后妃的墓地。

一般来说，过去的“园林”与“园”的概念是混同的。要弄清“园林”的真面目，还须参考一下园林界的解释，而园林界关于“园林”的定义似乎也没有完全确定。

周维权先生曾经有两个著名的观点：其一，园林乃人们为弥补与自然环境的隔离而人工建造的“第二自然”。这一观点表明，当人们远离被改变了的或被破坏了的自然环境，完全卷入尘世之后，就会产生一种厌倦感或压抑感，从而产生回归自然的欲望，但人们又不愿或不可能完全回到原始的自然环境中，所以就会用园林形式来满足自己这种需求。这一观点正确地反映了人类社会、自然环境变迁与园林形成发展关系的一般规律。但是，这里所谓的“第二自然”即是人造自然园林，显然没有包括近代以来由美国发起的，风靡世界的国家公园，即对那些尚未遭受人类重大干扰的，具有特殊科学、教育、娱乐意义的特殊自然景观、天然动植物群落加以保护的国家级公园。按照国家公园的概念，自然风景名胜算是特殊的自然景观，只要采取措施加以保护就属于园林范畴了。而周维权先生认为，自然风景名胜属于大自然的杰作，属于“第一自然”，而并非人工建立的“第二自然”，当然不属于园林范畴。我们认为，从古典园林视角看，这一观点还是值得肯定的，如从发展的视角看，就有必要加以修正了。其二，周先生又认为，园林是在一定的范围内，利用、改造天然山水地貌，或者人为开辟山水地貌，结合植物栽培、建筑布置，辅以禽鸟养蓄，从而构成一个以视觉景观为主的游憩、居住环境。这一界定包含了园林的相地选址、造园方法、园林艺术特色和功能，用来解释中国古典园林恰如其分，但不能包容近现代园林的性质、特色与功能。

游泳先生等认为，园林是指在一定的地形（地段）之上，利用、改造和营造起来的，由山（自然山、人造山）、水（自然水、理水）、物（植物、动物、建筑物）等构成的具有游、猎、观、尝、祭、祀、息、戏、书、绘、畅、饮等多种功能的大型综合艺术群体。这一观点是目前所见的有关园林的比较完整系统的定义。它试图从园林的选址、兴造方法、构成要素、主要功能等方面全面诠释园林，是具有较高价值的创新观点，似乎可以作为“园林”一词的经典定义了。然而，仔细推敲一下，仍有值得商榷之处。

根据上述比较与分析，借鉴古今中外的园林成就，总结归纳诸家有关“园林”定义的相似之处，我们认为园林的概念应该有广义和狭义之分。

从古典园林这个狭义角度看，我们赞成周维权先生的解说，并略加补充，即园林是在一定的地段范围内，利用、改造天然山水地貌或人工开辟山水地貌，结合建筑造型、动植物观赏等，构成的以视觉景观之美为主的游憩、居住环境。

从近现代园林发展的角度看，广义的园林是包括各类公园、城镇绿地系统、自然保护区在内的，融自然风景与人文艺术于一体的，为社会公众提供更加舒适、快乐、文明、健康的游憩娱乐环境。

二、园林的功能及特征

（一）园林的功能

园林是面对户外空间环境，以生态环境、功能活动和文化审美为主要内容，受多学科交叉影响的综合性学科，生态、审美、游憩是园林的主要功能。

1.生态功能

园林系统作为有生命的绿色主体，在城市中具有不可替代的生态功能。园林绿地系统是生态系统的重要组成部分。它通过一系列的生态效应，净化城市空气，改善气候，提供野生动物生境，维持生物多样性。它给生态环境以反馈调节作用，是改善人类及动植物生存环境、维持自然生态平衡的关键。

（1）净化空气、水体和土壤

①净化空气。园林中大量的植物进行光合作用时，可以吸收二氧化碳，释放氧气，维持碳氧平衡。城市园林是名副其实的城市绿肺。

②净化水体。园林植物特别是水生植物和沼生植物可以很大程度地吸收或同化水体中的污染物和有毒有害物质，改善城市水体质量。

③净化土壤。园林系统有很好的净化吸收以及杀菌作用，从而减少土壤中有害物质和细菌对人类的伤害。

（2）改善城市小气候

①调节温度。园林植物具有很好的吸热作用，它可以吸收太阳辐射热及环境中的大量热能，缓解城市的热岛和干岛效应，改善人居环境。

②调节湿度。绿色植物尤其是乔木林具有较强的蒸腾能力，可使绿地区域空气的相对湿度和绝对湿度比未绿化区域大。

③调节气流。园林绿地对气流的调节作用表现在形成通风道和防风屏障两个方面。

（3）降低噪声

园林对于降低城市噪声也有一定的作用。当声波投射到树木叶片上后，有的被吸收，有的被反射到各个方向，消耗声的能量。

（4）减灾防灾

①防火避灾。在防灾减灾体系的诸多“构件”中，园林系统占有十分重要的位置，它的作用甚至是其他类型的城市空间所无法替代的。

②防风固沙。土地沙漠化问题日益严重，城市沙尘暴已经成为影响城市环境，制约城市发展的一个重要的因素。植树造林、保护草场可起到防风固沙作用。

③涵养水源，保持水土。园林对涵养水源、保持水土，防止泥石流等自然灾害的发生有着重要的作用。

④有利于备战防空和防御放射性污染。有些园林植物还可用于绿化覆盖军事要塞、保密设施等，起隐蔽作用。

（5）提供野生动物生境，维持城市生物多样性

不同群落类型配置的绿地可以为不同的野生动物提供栖息空间。与城市道路、河流、城墙等人工元素相结合的带状绿地形成了优质空间，保证了动物迁徙通道的畅通，提供了动物进行基因交换、营养交换所必需的空间条件，使鸟类、昆虫和鱼类和一些小型的哺乳动物得以在城市中生存。

2. 审美功能

园林是一种综合大环境的概念，它是在自然景观基础上，通过人为的艺术加工和工程措施而形成的。园林设计是结合美学、艺术、文学等方面的综合知识，力求创造美妙景致的艺术门类。所以，园林的审美价值是评价园林的重要标准之一，而园林的审美功能则可分为以下几点。

（1）自然美

凡不加以人工雕琢的自然事物，如泰山日出、钱江海潮，黄山云海、黄果树瀑布、峨眉佛光、云南石林等，能产生美感，令人身心愉悦，并使人寄情于景的，都是自然美。

（2）生活美

园林是一个可游、可憩、可赏、可居、可学、可食的综合活动空间。周到的生活服务，健康的文化娱乐活动，清洁卫生的环境，便利的交通便利与安全的外部环境，都使人们心情愉悦，从而带来生活的美感。

（3）艺术美

人们在欣赏和研究自然美、创造生活美的同时，创造了艺术美。艺术美应是自然美和生活美的提炼。尤其是中国古典园林造景，虽然取材于自然山水，但并不像自然主义那样，机械地模仿具体的一草一木、一山一水，而是对天下名山胜景进行以高度概括和提炼，力求达到“一峰山太华千寻，一勺水江湖万里”的境界。这就是艺术美。康德和歌德称艺术美为“第二自然”。

还有一些艺术美的东西，如音乐，绘画、书法、诗词、碑刻、建筑等，都可以组织到园林中来，丰富园林景观内容，使人们对美的欣赏得到加强和深化。

3. 游憩功能

游憩功能是园林绿地的最常规的使用功能，人们可以在园林中观赏、休息或进行其他娱乐活动等，放松身心。

（1）娱乐健身功能

娱乐健身功能是园林的主要功能之一。园林是人们日常游憩的场所，是人们锻炼身体、消除疲劳、恢复精力、调剂生活的理想场所。市民的休息娱乐活动属于自发性活动或社会性活动，其活动的质量的好坏多依赖于环境载体的好坏。这些环境包括：公园、街头小游园、林荫道广场、居住区公园、小区公园、组团院落绿地等。人们日常的娱乐可分为动静两类，其活动内容主要包括：

①文娱活动，如弈棋、音乐、舞蹈、戏剧、电影、绘画、摄影、阅览等。

②体育活动，如田径、游泳、球类、体操、武术、划船、溜冰、滑雪等。

③儿童活动，如滑（滑梯）、摇船、荡秋千、乘小火车等。

④休闲活动，如散步、钓鱼、品茶、赏景等。

（2）社会交往功能

社会交往功能是园林绿地的重要功能之一。公共园林绿地为人们的社会交往活动提供了不同类型的开放空间。园林绿地中，大型空间为公共性交往提供了场所；小型空间是社会性交往（指相互关联的人们的交往）的理想选择；私密性空间给最熟识的朋友、亲属、恋人等提供了良好氛围。

（3）观光游览功能

在我国，自然景观、人文景观都非常丰富，古典园林的艺术水平也很高是很好的旅游资源。

（4）度假疗养功能

格雷厄姆·T. 莫利托认为，休闲经济是未来全球经济发展的五大推动力中的第一引擎。在现代社会，城市周边的森林、山地或水域等是现代人缓解压力、放松身心的最佳休息场所。

（5）科普教育功能

园林绿地是进行文化宣传、开展科普教育的场所。特别是科普知识型园林，以生态学为依据，传播生态知识和生态文化，提高人们的生态意识及生态素养，塑造生态文明风尚。

（二）园林的特征

“园林是一门艺术”“园林是室外的休息空间”“园林是自然的再现”……人们从不同角度对园林做出解释，也充分反映了园林学科的多维性。

园林是科学、技术和艺术的综合，其内容和要求会随着不同的要求而有所变化。如植物园，以园艺为主；街头广场、游乐园可能在工程技术方面有更高的要求；盆景园、宅园的艺术布局则显得更为重要。

1. 综合性

园林学是一门综合性学科。园林的构建必须同时满足科学性和艺术性。从科学性角度，园林建造者需要掌握建筑构造、气象、地学、人文、历史等知识；从艺术学角度，园林建造者应了解美学、文学、艺术等理论。园林不仅有自己的学科体系，而且与其他学科相互渗透。我们只有掌握了园林学的综合性特点，才能够把握园林的艺术性、经济性和发展性。

2. 艺术性

艺术性是指园林在满足人们游览、游憩等需要的同时，还能够创造出美感。它通过一定的艺术手段，将园林要素组合成有机整体，创造出丰富多彩的园林景观，给人们以美的享受。

3. 经济性

经济性是指在园林修建过程中，一方面要尽量减少经济的投入，做到经济适用；另一方面，在满足游人欣赏、活动、游憩需要的同时，获得很多实用性价值。

4. 发展性

在人类社会的发展过程中，各种各样的文化参与甚至支配着社会的发展。中国园林中的诗赋楹联及其伴生的山水书画，千百年来，对国民美学意识的形成起到潜移默化的作用。

园林的以上几方面特性，相互影响，相互促进，从而构建了符合时代特征的艺术典型，体现了人们的聪明智慧，也体现了各个时代的艺术特征和时代风貌。

三、园林的发展阶段与形式

（一）园林的发展阶段

1. 萌芽阶段

原始社会初期，生产力水平十分低下，人类依赖自然，极少改造自然，仅作为大自然的一部分而被纳入它的循环之中。直到原始社会后期，原始农业公社和部落出现，人类进入简单农作物种植时期，在客观上形成了园林的雏形。

2. 形成阶段

人类进入奴隶社会和封建社会后，随着农业的发展，种植和驯养技术日益发达，为园林的形成提供了基础。在这个漫长的过程中，园林逐渐形成了丰富多彩的时代风格、地方风格和民族风格等，如以中国风景园囿为代表的东方园林，以古巴比伦“悬园”和波斯“天堂园”为代表的西亚园林，以古希腊庭园为代表的古欧洲园林等。

这个时期的园林有三个共同的特点：一是直接为少数统治者所有；二是为封闭的内向型建筑；三是以追求视觉效果和精神享受为主，并不体现社会效益和环境效益。同时，园林具备了四个基本元素，即山、水、植物、建筑。而此时东西方在哲学、美学、文化及自然地理方面的差异，也为未来东西方不同园林体系的形成打下了基础。

3. 发展阶段

18 世纪中叶，工业革命兴起，科学技术飞跃发展，为人们开发大自然提供了更有效的手段。随着工业的发展，过度的开发带来严重的环境问题。人们逐渐意识到了园林绿地的重要性，园林也进入空前的发展时期。

这一时期的园林与以前的园林相比，在内容和性质上均有发展变化，具体表现是：其一，确立了现代园林的理论体系，并以此为指导进行了实践，尝试运用新型学科如生态学指导城市绿化和城市环境保护。如美国的奥姆斯特德（Frederick Law Olmsted）提出“景观建筑学”（Landscape Architecture）的概念，主张合理开发利用土地资源，将自然作为人类赖以生存的环境的一部分加以维护和管理，并针对大城市的环境恶化问题，提出“把乡村带入城市”，建立公共园林、开放性空间和绿地系统等观点。其二，除私人造园外，由政府出资，面向大众的城市公共园林出现。其三，园林规划与设计转向开放的外向型。其四，兴建的园林不仅是为了获得景观方面的价值，得到精神方面的陶冶，而且注重其生态效益和社会效益。

4. 兴盛阶段

大约从 20 世纪 60 年代开始，世界园林的发展又出现了新的趋势和特点。由于人类科技水平达到了空前的高度，生产力进一步提高，尤其是在发达国家和地区，人们有了足够的闲暇时间和经济条件，在紧张的工作之余，大家愿意接触大自然，回到大自然的怀抱，因而推动了旅游业的迅速发展。同时，人们从更高、更大、更远的方向来考虑城市的总体规划和建设，探索新的方法去改善目前的状况，而园林规划与设计自然成为人们关注的焦点。

这一时期的园林具有不同以往的特点：一是区域性的公共园林和绿

化保护带成为每个国家和城市建设的重点，同时确立了城市生态系统的概念；二是园林绿化以创造合理的城市生态系统为根本目的，园林领域进一步拓展；三是园林艺术已成为环境艺术的一个主要组成部分；四是园林设计注重科学的、量化的、系统的标准，有针对性和预测性，建立了相应的科技体系和价值观体系。

总之，从原始社会萌芽时期开始，历经形成期、发展时期，而后进入一个兴盛的多元化发展时期，园林景观设计已广泛地渗透到社会生活的各个领域。

（二）园林常见形式

不同园林形式的产生和形成是和世界各民族、国家、地区的文化传统、地理条件等综合因素的作用分不开的。杰利克（G.A.Jellicoe）在1954年国际风景园林师联合会第四次大会致辞中提到世界造园史的三大流派，即中国、西亚和古希腊。归纳这三大流派的基本特征，我们可以把园林的形式分为三类，即自然式、几何式和混合式。

1. 自然式园林

自然式园林又称风景式园林、山水派园林，是利用自然山水法，把自然景色融于人工造园艺术，利用园林五大要素进行构建，使园林达到“虽由人作，宛自天开”的艺术效果。自然式园林布局是以山体、水系为全园的骨架，模仿自然界的景观特征，平面布局非对称，立体造型及园林要素布置均较自然和自由，相互关系较隐蔽含蓄，以自省、含蓄、蕴藉、内秀、恬静、清幽、淡泊、循矩、守拙为美，重在情感上的感受。自然物的各种形式如线条、形状等在审美意识中占主要地位。空间上，这种园林形式讲求循环往复，峰回路转，无穷无尽，追求含蓄的“藏”的境界，给人以优美和谐、寓意深刻的感觉。我国古典园林以自然山水为风尚，讲究“有法无式”，基本上是写意的、直观的，重自然、重想象、重联想，布局艺术多种多样。从基本类型来说，我国古典园林大致可以分成“圈形向心”式布局、“步步登天”式布局、“乐章结构”式布局和“圆形环游”式布局四种。日本以及亚洲其他国家的园林受中国古典园林的影响较深。承德避暑山庄、北京颐和园、上海豫园、苏州的拙政园等（图 1–2）是中国古典园林的杰出代表。现代园林如全国各地新建的公园，大部分也为自然式园林，如北京的紫竹院公园、上海的世纪公园、杭州西湖的花港观鱼等。

（1）承德避暑山庄　（2）北京颐和园

（3）上海豫园　（4）苏州拙政园

图 1–2　中国古典自然式园林

（1）北京紫竹院公园　　（2）上海世纪公园

（3）杭州西湖的花港观鱼

图 1-3　中国现代自然式园林

2. 几何式园林

这类园林又可以称为“规则式”园林、“对称式”园林、“整形式”园林、“建筑式”园林。园林布局表现出人为控制的几何图案美。园林要素的配合在构图上呈几何构图形式，在平面规划上通常依据一条中轴线，在整体布局上追求前后左右对称。园地划分时，多采用几何图形；花园的线条、园中的道路多采用直线形态；广场、水池、花坛多采取几何形体；植物配置多采用对称式种植，行距明显均齐，花木常被修剪为一定的几何形图案，园内行道树排列整齐、端直。

几何式园林的水体设计、外形轮廓均为几何形；多采用整齐的驳岸；水景的类型以整形水池、壁泉、整形瀑布等为主，常以喷泉作为主题水景。园林中，不仅单体建筑采用中轴对称均衡的设计，建筑群的布局也采取中轴对称均衡的手法。园林中的广场外形轮廓均为几何形。封闭性草坪、规则式林带、树墙、道路均由直线、折线或几何曲线组成，并构成方格形、环状放射形等规则图形的几何布局。园内花卉的布置一般是以图案为主题的模纹花坛和花境为主，树木配置以行列式和对称式为主，并运用大量的绿篱、绿墙隔离和组织空间。树木整形修剪以模拟建筑体形状和动物形态为主，如绿柱、绿塔、绿门、绿亭和用常绿树修剪而成的鸟兽等。除以建筑、花坛、规则式水景和喷泉为主景外，这种园林还采用盆树、盆花、瓶饰、雕像为主要景物。雕塑小品的基座为规则式，多配置于轴线的起点、终点或交点上。

几何式园林给人的感觉是雄伟、整齐、庄严，园林轴线多被视为是主体建筑室内中轴线向室外的延伸。一般情况下，主体建筑主轴线和室外园林轴线是一致的。

3. 混合式园林

严格说来，绝对的几何式和绝对的自然式园林在现实中是很难做到的。现在的园林更多的是几何式与自然式园林比例差不多的园林，即混合式园林。如北京中山公园和广东新会城镇文化公园等。

在公园规划工作中，原有地形平坦的可规划为规则式园林，原有地形起伏不平、丘陵、水面多的可规划为自然式园林；原有自然树木较多的可规划为自然式园林，树木少的可采用几何式园林。大面积园林以自然式园林为宜，小面积以规则式园林较经济。四周环境较为规则的宜采用规则式园林，反之则宜规划为自然式园林。林荫道、建筑广场的街心花园以规则式园林为宜。居民区、机关、工厂、体育馆、大型建筑物前的绿地以混合式园林为宜。森林公园、市区大公园、植物园以自然式园林为宜。

四、园林的构成要素和布局

（一）园林构成要素

风景园林景观的规模形式各不相同，组成内容迥异，但归根究底，它都由地形、水体、植物、建筑、广场与道路、园林小品等几种基本元素组成。

1. 水体

水是园林的灵魂，有的园林设计师称之为“园林的生命”。水体可以分成静水和动水两类。静水包括湖、池、塘、潭、沼等形态；动水常见的形态有河、湾、溪、渠、涧、瀑布、喷泉、涌泉、壁泉等。另外，水声、倒影等也是园林水景的重要组成部分。水体还包括堤、岛、洲、渚等。

2. 地形

地形是构成园林的骨架，主要包括平地、土丘、丘陵、山峦、山峰、凹地、谷地、坞、坪等。地形要素的利用与改造将影响到园林的形式、建筑的布局、植物的配植、景观的效果、给排水工程的设计、小气候等诸多因素。

3. 植物

植物是园林设计中有生命的题材。植物要素包括乔木、灌木、攀缘植物、花卉、草坪地被、水生植物等。植物的四季景观，植物本身的形态、色彩、气味、习性等都是园林造景的题材。园林植物与地形、水体、建筑、山石、雕塑等搭配，形成优美的环境和艺术效果。

4. 广场与道路

广场与道路是建筑的有机组成，对于园林形式的形成起着重要的作用。广场与道路的形式可以是规则的，也可以是自然的，或二者兼有。广场和道路系统将构成园林的脉络，并起到园林的交通组织、联系的作用。此外，园林小品也是园林不可缺少的组成部分，它使园林景观更富于表现力。园林小品一般包括园林雕塑、园林山石、园林壁画、摩崖石刻等内容。很难想象，将西方园林中的雕塑作品去掉，或把中国园林中的假山、石驳岸、碑刻、壁雕等去掉，它们的艺术形象会是什么模样。园林小品也可以单独构成专题园林，如雕塑公园、假山园等。

5. 建筑

根据园林设计的立意、功能要求、造景等需要，园林建造必须考虑适当的建筑和建筑的组合；同时考虑建筑的体量、造型、色彩以及与其配合的假山、雕塑、植物、水景等诸要素的安排。

（二）园林布局

1. 园林布局的含义

园林布局是在技术、经济允许的条件下，把园林构成要素（包括材料、空间、时间等）有序地组合起来，并与周围环境紧密联系，使其整体协调，取得形式与内容高度统一的创作技法。园林的内容（性质、功能、用途等）是园林布局形式美的依据，园林构成的材料、空间等是布局的基础。园林绿地的构图不同于一般的平面构图，它有自身的特点。

2. 园林布局的特点

（1）园林布局很容易被地区自然条件的制约。不同地区的自然条件如日照、气温、湿度、土壤等各不相同，其自然景观也不相同，园林绿地只能因地制宜，随势造景。

（2）园林是一种时空融合的艺术。园林布局不是单纯的平面构图和立面构图，而是变化的多维空间，是以自然美为特征的空间环境规划设计，也就是说园林布局应该是在时间的延续中、空间景象的变化中产生的。因此，优秀的园林设计师要善于利用地形、地貌、自然山水、植物等要素，根据时间、季节的变化，进行总体布局，创造景观。

（3）园林布局是综合的造型艺术。园林布局以自然美为特征，融合建筑美、绘图美、乐感美、文学美等，借助各种构成要素的造型，增强其艺术表现力。

3. 园林布局的艺术法则

（1）韵律与节奏

各种艺术的创作原则都有其相通之处。韵律节奏就是指艺术表现中某一因素作有规律的重复、有组织的变化。其实质就是各种构成因素的快慢强弱的对比和变化。园林和乐曲都有节奏与韵律。音乐中的节奏与韵律是作曲者通过变换音乐元素如强弱、高低、缓急、动静等组成的；而园林艺术则是通过立体和平面的构图，运用点、线、面和体等各部分的平衡，比例、空间、序列的变化，取得一种带有节奏与韵律的艺术效果，在有限的面积中创造不同的层次和变化的空间，使景景相连，前有前奏，中有铺叙、高潮，后有余韵，形成令人浮想联翩、余味无穷的深远意境。如拙政园笠亭所在山上的扇亭、笠亭、浮翠阁，三者的地理位置依次是临水、山中、山巅，形态各异、大小不一，由低至高，循序渐进，犹如音阶中的哆、来、咪，有鲜明的节奏感和优美的韵律感，像一首动听的旋律。

园林绿地为体现韵律节奏的布局方法很多，常见的有：

①简单韵律，指即有同种因素等距反复出现的连续构图的韵律特征。如等距的行道树、等高等距的长廊等。

②交替韵律，即有两种以上因素交替等距反复出现的连续构图的韵律特征。如柳树与桃树的交替栽种，两种不同花坛的等距交替排列。

③渐变韵律，指园林布局连续出现重复的组成部分，在某一方面作有规律的逐渐加大或变小，逐渐加宽或变窄，逐渐加长或缩短。如体积大小、色彩浓淡、质地粗细的逐渐变化。

④突变韵律，指在景物连续构图中，某一部分以较大的差别和对立形式出现，从而带来突然变化的韵律感，给人以强烈的对比的印象。

⑤拟态韵律，指既有相同因素又有不同因素的反复出现的连续构图。如花坛外形相同但花坛内种的花草种类、布置又各不相同。

⑥自由韵律，指某些要素或线条以自然流畅的方式，不规则但却有一定规律地婉转流动，反复延续，带来自然柔美的韵律感。

（2）比拟与联想

园林艺术不能直接描写或者刻画生活中的人物与事件的具体形象，比拟联想手法的运用就显得更为重要。园林布局中运用比拟联想的方法有如下几种。

①概括名山大川的气质，模拟自然山水风景，创造“咫尺山林”的意境，使人联想到名山大川。若处理得当，人们面对着园林的小山小水，会产生“一峰则太华千寻，一勺则江湖万里”的联想，这是以人力巧夺天工的“弄假成真”。我国园林在模拟自然山水上有独到之处，善于综合运用空间组织、比例尺度、色彩质感、视觉感受等，使散置的山石有平冈山峦的感觉，使池水有不尽之意，犹如国画“意到笔未到”，给人无穷的联想。

②利用植物的姿态、特征、文化内涵，给人以不同的感受，使其产生比拟联想。如“松、竹、梅”有“岁寒三友”之称，“梅兰竹菊”有“四

君子”之称，在园林绿地中适当运用这些元素，可增加意境。

③利用遗址、雕塑造型，使其产生比拟联想。如水帘洞、蘑菇亭、月洞门等。

④利用题名、题咏、匾额、楹联、摩崖石刻等，使其产生比拟联想。题名、题咏等能丰富人们的联想，提升艺术效果。如镇江焦山别峰庵郑板桥读书处，小屋三间，门上联云：“室雅何须大，花香不在多”，表达出一种简朴幽雅的意境。

（3）对比与协调

对比与协调是园林艺术布局的一个重要手法，是利用布局中的某一因素（如体量、色彩等）中程度不同的差异，取得不同艺术效果的表现形式，或者说是利用人的错觉来互相衬托的表现手法。对比的手法展示了各部分之间的矛盾联系，它可以是整个园中景区之间的对比，也可以是某个欣赏空间内形式与形式的对比。在规划园林总体结构形式时，人们通常采用的对比有：形象的对比、体量的对比、方向的对比、光线的对比、色彩的对比、质感的对比等。古代造园家提出了动静、虚实、曲直、大小、藏露、开合、聚散等，均属于对比的范畴。协调的手法可以使园林各要素、各区间统一和谐，互相联系，产生完整的艺术效果。园林景色要在对比中求调和，在调和中求对比，使景观既丰富多彩、生动活泼，又突出主题。

第二节　中西方古典园林对比研究

一、中国古典园林

（一）中国古典园林类型

1. 私家园林

私家园林属于官僚、文人、地主、富商等私有。私家园林相对于皇家的宫廷园林而言，无论在内容还是形式方面，都表现出许多不同于皇家园林的地方。城镇里面的私家园林绝大多数为宅园，宅园依附于住宅，是园的主人日常游憩、宴乐、会友、读书的场所，规模不大，一般紧邻邸宅的后部，呈前宅后园的格局，或位于宅邸的一侧而成跨院。此外，还

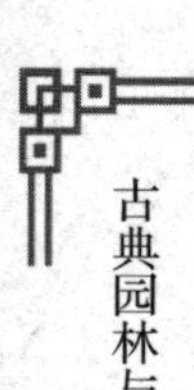

有少数单独建置、不依附于宅邸的游憩园。建在郊外山林风景地带的私家园林大多数是别墅园，不受城市用地的限制，规模一般比宅园大一些。

2. 皇家园林

皇家园林属于皇帝个人和皇室私有。中国古代皇帝的地位至高无上，是人间的最高统治者。因此，皇家园林在不违背风景式园林造景原则的前提下，尽量显示皇家的气派。皇室能够利用其政治上的特权和经济上的雄厚财力，占据大片的土地，营造园林供己享用。因此，无论是人工山水园林还是天然山水园林，皇家园林规模之大远非私家园林所可比拟。历史上的每个朝代几乎都有皇家园林。

3. 寺观园林

寺观园林即佛寺、道观的附属园林，也包括寺、观内外的园林化环境。从历史文献上记载的以及现存的寺观园林来看，寺观按照宅园的模式建置的独立小园林很讲究内部庭院的绿化。郊野的寺观大多修建在风景优美的地方。

私家园林、皇家园林、寺观园林这三大类型的园林是中国古典园林的主体。除此之外，还有一些非主流的园林类型，如会馆园林、书院园林、祠堂园林等，它们相对来说数量不多，类似于私家园林。

（二）中国古典园林特点

1. 模山范水的景观类型

地形地貌、江河湖泊、乡土植物等自然资源构成的景观是中国古典园林的空间主体的构成要素。中国古典园林强调“虽由人做，宛自天开”，强调“源于自然而高于自然”，强调人对自然的认识和感受。

2. 巧于因借的视域边界

中国古典园林不拘泥于庭院范围，而是通过借景扩大空间视觉边界，使园林景观与自然景观等相联系、相呼应，营造整体性园林景观，追求无限外延的空间视觉效果。

3. 循序渐进的空间组织

中国古典园林运用动静结合、虚实对比、承上启下、循序渐进等空间组织手法，使空间曲折变化，按照园中园式的空间布局原则，将园林整体分隔成多个不同形状、不同尺度和不同个性的空间，并将形成空间的诸要素如自然、山水、人文景观等糅合在一起，参差交错、互相掩映，以形成丰富得似乎没有尽头的景观。

4. 耐人寻味的园林文化

古代造园艺术家们抓住大自然中的各种美景的典型特征，进行提炼剪裁，把峰峦沟壑一一再现于小小的庭院中，“以有限面积，造无限空间”。“大”和“小”是相对的，关键是“假自然之景，创山水真趣，得园林意境”。

5. 小中见大的空间效果

中国古典园林常常通过楹联、匾额、刻石等表达景观的意境，从而使园林富有耐人寻味的意境。

（三）中国古典园林艺术的思想源泉

1. 佛教思想与中国园林

佛教传入中国后，与中国本土文化相结合，产生了众多流派，并对中国的哲学、文学、艺术等产生了重要影响。

中唐时期，禅宗美学兴起。禅宗主张以渐修或顿悟发现本心，重视“自解自悟”“不立文字”的内心体验，在美学上，将审美与艺术主体的内心体验、直觉感情等的作用提到极高的地位，使之得以深化。禅宗思想融入中国园林的创作中，为园林这种形式上有限的自然山水艺术提供了审美体验的无限可能性，即打破了小自然与大自然的根本界限。这在一定的程度上为构筑文人园林的以小见大、咫尺山林的园林空间提供了思想理论依据。除了以小见大的创作方法以外，园林中的“淡”也是源于禅宗思想。园林的“淡”可以通过两方面来体现。一方面，景观本身具有平淡或枯淡的视觉效果，其中简、疏、古、拙等都是可达到这一效果的手段。另一方面，园林通过“平淡无奇”的暗示，触发人的直觉感受，使其在思维的超越中达到某种审美体验。

2. 儒家思想与中国园林

中国古代的城市规划、房屋设计甚至室内设计（紫禁城的室内设计）都受儒家哲学的影响，具有严格的空间秩序。当然这样的影响是很有限

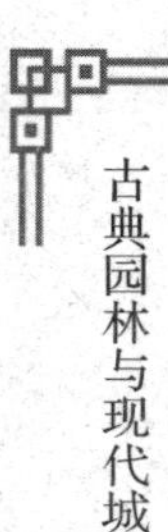

的，它仅仅涉及皇家园林中的寺庙和处理政务的部分建筑。

“达则兼济天下，穷则独善其身”是中国很多古代儒家知识分子的信条，在郁郁而不得志之际，辞官归隐几乎是他们一贯的模式。“隐逸”成为中国古典园林的基本主题。但是，这并不是真正的“隐”。“隐居”是他们的一种无奈。很多人的避世隐居只是表面姿态，他们仍然梦想有一天能重新得到朝廷的赏识，实现自己的理想。为了抒发这种感情，他们往往寄情于物。不少古典文人园林就是在这种情况下建造的。苏州沧浪亭的楹联“清风明月本无价，近水远山俱有情”就表现出园主视己与自然浑如一体、闲适陶然的心情。

3. 道家思想与中国园林

道家思想是中国文化的重要组成部分之一。道家思想以老庄思想为代表。在哲学上，老子以“道”为最高范畴，认为“道”是宇宙的本原，“道”生成万物，也是万物存在的根据，主张“大地以自然运，圣人以自然用，自然者道也”。后来，庄子继承并发展了老子“道法自然”的思想，以自然为宗，认为自然界本身是最美的，即“天地有大美而不言”。在老子和庄子看来，大自然之所以美，在于它最充分、最完整地体现了“无为而无不为”的“道”。大自然本身并未有意识地去追求什么，但它却在无形中造就了一切。而中国古典园林之所以崇尚自然，追求自然，实际上并不是追求对自然形式美的模仿本身，而是对潜在于自然之中的“道”与“理”的探求。道家的自然观在文学艺术的意境上表现为崇尚自然、朴质贵清、淡泊自由、浪漫飘逸。在道家神仙思想的影响下，一部分人追求超脱世外的避世与隐逸，以“仙境”为造园艺术主题的园林便应运而生。如扬州曾有“小方壶园”，苏州留园有“小蓬莱”，杭州三潭印月景区有“小瀛洲”等。

二、西方古典园林

（一）西方园林的起源

1. 古埃及、古希腊、古罗马园林

西方园林起源于古埃及（约公元前 2600—31）。古埃及地处非洲沙漠、尼罗河流域。古埃及人修建园林的初衷是为了防酷热、避沙尘，为人们提供树荫及可食用的蔬果等，主要追求实用性功能。后来，受宗教影响，古埃及出现了以祭祀神明为主的圣苑和安葬法老的陵园，后期出现了王公贵族的府邸花园。

古希腊时期（公元前480—146），园林最初只是建筑依附的庭院，后来除了祭祀用的圣林外，还发展出公共园林和哲学家聚会用的场所——文人园。

古罗马时期（公元前27—公元476），园林吸收了大量古希腊人造园的理念。古罗马园林空间比古埃及、古希腊的园林空间大，反映了罗马人对生活环境的重视。

2. 古埃及、古希腊、古罗马园林艺术特点

西方园林的形成和自然条件、社会生产生活方式、宗教风俗有着紧密的联系。西方园林也叫作规则式园林，它追求严谨的理性，采用中轴对称的规则形式，构图多呈方形或矩形，给人以庄严、均衡、稳定的感受。

（二）西方园林的发展

1. 意大利、法国、英国园林

文艺复兴时期，随着人文主义的发展，自然美在西方重新受到重视。城市里的富豪和贵族恢复了古罗马的传统，到乡间建造园林别墅。

17世纪下半叶，法国成为欧洲最强大的国家。这一时期的凡尔赛宫规模宏大，建筑手法多变，是法国规则式园林的巅峰之作。法国园林的风格对世界园林的发展产生了极大的影响。

进入18世纪，西方造园艺术开始追求自然，英国相继出现风景式园林、维多利亚式园林、爱德华式园林等。其中，以英国风景式园林最为典型。西方现代园林就是在此基础上发展起来的。

2. 意大利、法国、英国园林艺术特点

意大利境内多丘陵，花园别墅常造在山坡上，被称为“台地园”。意大利园林继承了古罗马园林的特点，采用规则式布局，但建筑及轴线不再那么突出。花园顺地形分成几层台地，在台地上按中轴线对称布置几何形的水池和修剪整齐的绿篱花坛。别墅的主建筑物通常坐落于较高或

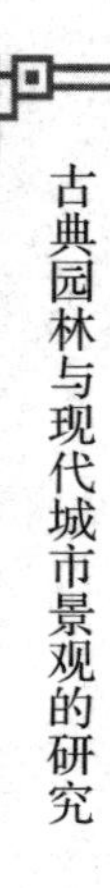

最高的台地上。

法国园林设计肯定人工美高于自然美。法国园林采用直线和方角的基本形式，比例协调，总体构图明晰匀称；园林地形和布局多样，花木品种、形状和颜色多样，但又布置得井然有序，均衡匀称。

英国园林受到欧洲浪漫主义及中国造园艺术的影响，摒弃了传统的规则式园林，追求流线型布局、有层次变化的大草坪和疏林。园林中栽植多种花卉植物。

（三）西方现代园林

1. 北欧、美国园林

20 世纪 30 年代到 40 年代，北欧园林兴起，其中最有影响力的是瑞典园林和丹麦园林。之前的北欧园林的人工雕琢的痕迹并不明显，自然景观保存尚好。此一时期的北欧园林更注重地域性景观与本土文化的传承。

第二次世界大战结束后，美国的移民剧增，各国的文化艺术在美国汇聚，美国的园林风格也呈现出多样化发展趋势。20 世纪 60 年代以后，西方现代园林走向多元化发展。

2. 北欧、美国园林艺术特点分析

在这个阶段，北欧园林主张“以人为本”，注重人性化的空间尺寸和人性化的功能设计，风格简单柔和。地域性景观元素大量地运用到园林中，既为城市提供了良好环境，也保存了大量本土自然景观。

美国园林风格多样。它在园林界最突出的贡献是从宏观的角度来规划园林，建立了世界上第一个国家公园，兴建“城市森林”，开创大型城市公园。

三、中西古典园林艺术的异同

（一）中西园林艺术的同一性

1. 中西园林艺术的人类同一性

众所周知，人类自身的生命运动是宇宙中为人所知的最高级的生命运动形式，而这种生命运动不只是一般地适应环境，而是不断地创造着周围的环境。园林就是人类生命运动过程中的一种创造物，一种物化形态。园林艺术既是生命运动的时间过程，又是生命运动的空间存在，它是和人类生命运动有关的一种时空艺术，因而和人类自身有着深层的同一性[①]。如果从这层意义上说“文学是人学”的话，那么是否可以说“园林艺术是人的艺术”呢？不论这个命题是否成立，园林是人设计的，由人创造，为人而造，既是如此，任何园林类型，不论怎样，都带有人类园林的特性。我们把体现在园林中的“人类的特性”称为园林艺术的人类同一性。

具体地说，所谓“园林的人类同一性”，从文化人类学的观点看，就是人类园林文化中所体现的人类共同具有的、彼此相通的、内在同一的人性。这种本质的同一性可以流动于不同时空的园林艺术中，可以跨越民族的、地域的、历史的鸿沟，成为人类文化心理结构中最基本的建构模式。例如，虽然世界上各民族的空间距离遥远，文化背景迥异，构建的园林形式千姿百态，但是造园的目的却是一致的，即补偿现实生活环境的某些不足，满足人类自身心理和生理的需要。在这一点上，中西园林艺术的同一性很明显。

2. 中西园林艺术的社会同一性

社会存在决定社会意识。在封建时代，中国和西方虽然相对隔绝的状态，但是由于社会制度大体相同，两者的社会意识大体相同，园林艺术的中西之同多于中西之异。园林艺术在社会特性上的中西同一性突出地表现在园林艺术的服务对象上：园林艺术作为一种社会意识形态，作为一种“基础的上层建筑”，受制于社会的经济基础。在封建时代，社会财富集中于少数人手里，广大人民群众食不果腹，园林只能是特权阶级的一种奢侈品。造园首先需要土地，即使是“半亩园”，还是需要那半亩的土地。即使是巴比伦的“空中花园”，也还是需要支撑它的那块土地，而土地是一种财富，至于在这块土地上所花费的财力、物为、人力、就更不用说

① 盛丽．崇尚与控制——中西古典园林艺术差异比较[J]．现代园艺，2017(15)：84-85.

了[①]。所以，在历史上，园林只能为富豪所占有、所享用，贫无立锥之地或家徒四壁的人们自然是谈不到园林享受的，即使“小康之家”，也不能置备园林。过去的中国是这样，西方也不例外。

3. 中西园林艺术的物质同一性

从造园材料方面，我们亦可明显地看出园林艺术的同一性。虽然西方规则式园林的建筑布局严整，水池开凿规则，花木修剪整齐，但与中国自然式风景园林相似，西方规则式园林的造园材料不外乎石头、山水和花草树木等物质要素。当然，在具体的建筑式样、叠山理水之方法，以及花木的选择配置方面，中西方园林中是大异其趣的。即便如此，中西方园林仍有共同的要求，例如，在花木配置方面，要求繁花似锦、重瓣美艳、香气宜人、四季常青……无论何种风格的园林，对植物的引种都是不遗余力的。西方古典园林没有因为月季、山茶、银杏来自中国而加以排斥，中国园林也很喜欢常春藤、石榴等。

（二）中西园林艺术的差异性

1. 园林类型

从园林类型看，中国古典园林是风景式园林的典型，是在一定空间内，经过精心设计，运用各种造园手法，将山、水、植物、建筑等组合成源于自然又高于自然的有机整体，体现了“天人合一”的观念。这种“师法自然”的造园艺术体现了人与自然的和谐。它以自然界的山水为蓝本，以曲折之水、错落之山、迂回之径、参差之石、幽奇之洞构成园林整体，把自然界的景物荟萃一处，借景生情，托物言志。最有代表性的是苏州园林。

西方古典园林以法国的图案式园林为代表，崇尚开放、整齐、对称的几何图形格局，通过人工美表现人对自然的控制和改造，显示人的力量。它一般呈具有中轴线的几何格局，有地毯式的花圃草地、笔直的林荫路、规整的水池、华丽的喷泉、精美的雕像、整形的树木（或有造型的绿篱）、恢宏的建筑物等。其最有代表性的建筑即是巴黎的凡尔赛宫。

---

① 拉扎提·努尔兰．中西古典园林艺术之比较 [J]. 生物技术世界，2014（10）：7.

2. 园林规模

在园林规模上，中国古典园林规模相对较小。西方园林规模相对较大。总体而言，西方的古典园林在规模上十分追求宏伟壮观的气势。

3. 造园艺术

在造园艺术上，中国古典园林设计者多为画家、诗人，通过叠山理水、栽植花木来布局园林建筑，并用匾额、楹联、书画、家具陈设和各式摆件等来表达文化意识和审美情趣，追求意境的自然美、含蓄美，追求自由灵活，讲究迂回曲折、曲径通幽、移步换景，故有“步行者的园林”之说。西方古典园林设计者多为建筑师，以对称规则为美学原则，追求人工美、图案美等，强调主从关系、理性与秩序。园林构景要素按一定的几何规则加以组织，保持中轴对称布局并突出中心建筑物，主体建筑物前面多有一个面积较大的广场，有大面积的草坪，配以笔直的林荫路、修剪整齐的树木花圃、几何形状的水池与人工喷泉、大理石雕塑，故从俯视角度观赏园林有“骑马者的园林”之说。

4. 园林与建筑的关系

在园林与建筑的关系上，中国古典园林是园林统帅建筑，设计遵循“山水为主，建筑为辅”的原则；西方古典园林则是建筑统帅园林，人工高于自然。中国园林在总体布局上一般以自然山水作为景观的构图主题，花木围绕自然山水布置，亭、台、楼、榭等建筑只为观赏和点缀而设计，建筑自然化，目的在于营造富有自然山水情趣的艺术效果，追求人工美与自然美的高度统一。而西方古典园林构图特别强调园林的中轴对称布局，花坛、水池、喷泉、雕塑以及呈放射性小路都围绕中轴线展开，并在轴线的重要位置布置宏伟高大、严谨对称的建筑物。建筑物控制着轴线，轴线控制园林，这种设计完全出于理性主义的指导，人为地使自然接受对称法则。

5. 美学风格

（1）人工美与自然美

从形式上看，中西方园林的差异非常明显。西方园林体现的是人工美，不仅布局对称、规则、严谨，就连花草都被修整成规规矩矩的“绿色雕塑”，处处呈现出几何图案美，力求用人工方法改变其自然状态。中国园林既不求轴线对称，也没有任何规则可循，而是山环水抱，曲折蜿蜒，不仅花草树木保留自然原貌，而且人工建筑也尽量顺应自然而参差错落，力求与自然融合，使人“不出城廓而获山水之怡，身居闹市而得林泉之趣”。

（2）形式美与意境美

由于中国人和西方人对自然美的态度不同，反映在造园艺术上则各有侧重。西方园林虽不乏诗意，但刻意追求的是形式美；中国园林虽也重视形式，但倾心追求的是意境美。西方人认为自然美有缺陷，为了克服这种缺陷，达到完美的境界，必须凭借某种理念去提升自然美，从而达到形式美。西方园林对称的轴线、均衡的布局、精美的几何图案、强烈的韵律节奏感都明显地体现出对形式美的刻意追求。中国造园则注重情景交融，追求诗情画意般的环境氛围即“意境”。古代中国很少有专门的造园家，自魏晋南北朝以来，文人、画家的介入使中国造园艺术深受绘画、文学等的影响，而古代中国的画和诗又十分注重对意境的追求。

（3）清晰美与含蓄美

西方园林主从分明，重点突出，各部分关系明确，边界和空间范围一目了然，空间序列段落分明，给人以秩序井然、清晰明确的印象。这是西方园林追求形式美、遵循形式美法则所显示出的一种规律性和必然性，但凡规律性的东西都会给人以清晰的秩序感。中国园林的造景借鉴诗词、绘画的艺术表达手法，力求含蓄隽永，大中见小，小中见大，虚中有实，实中有虚，或藏或露，或浅或深，从而把许多对立的因素融合起来，使其浑然一体，使人感到一种朦胧美、含蓄美。如果把西方园林比作是一部明朗欢快的交响曲，中国古典园林则是一首委婉细腻的抒情诗[①]。

---

① 周武忠．理想家园 中西古典园林艺术比较[M]．南京：东南大学出版社．2012：243-249.

第三节　现代城市景观的解读

一、城市景观的概念及构成

（一）风景与景观

风景指供观赏的自然风光、景物。“风景”一词在中国源远流长，在现代社会生活中，该词使用频率较高。由于其外延的广泛性，相对应的英文单词比较多，除 landscape 外，还有 scene，scenely，sight，views 等。“景观”在汉语中是指某地区或某种类型的自然景色，也指人工创造的景色。景观在古英语中是指“留下了人类文明足迹的地区”。到了 17 世纪，“景观”作为绘画术语从荷兰语中再次引入英语，意为“描绘内陆自然风光的绘画，区别于肖像、海景等”。到了 18 世纪，“景观”同“园艺”联系起来，与设计行业有了密切的关系。19 世纪的西方地质学家和地理学家则用“景观”一词代表“一大片土地”。从英文单词结构来看，“景观”为 land+scape，与人们栖息的土地是密不可分的；另外，由于“景观”与人类的实践相关联（如景观设计、景观建筑等），景观更容易被理解为“人与自然的共同作品”。

事实上，人们要对景观加以确切的定义是极其困难的。在英语中，“景观”一词有两种不同的用法，一是表示风景（所见之物），二是表示自然与人类之和（所居之处）。本书采用第二种用法，将景观理解为景与观的统一体。这个定义强调两个方面，一是景观的客观层面，指客观存在并能被人感知的事物；二是景观的主观层面，指对客观事物的主观感受。

本书的景观概念是从建筑学及风景园林学科中的“风景”“景观”概念发展而来的，意指审美的环境（景）及含有审美的视觉观察（观），它有别于从自然科学角度进行观察分析的地理学中的“景观”概念，也区别于生态学中的“景观”概念。生态学定义的景观是一个广义的人类生存空间和视觉整体，板块、廊道和基质等是景观生态学用来解释景观结构的基本模式，相应的景观生态规划设计的根本目的在于保护景观生态，构建符合生态原则的环境空间。广义的景观规划设计已涵盖了视觉景观、环境生态、人文景象三大方面的内容。园林、建筑美学与生态学在一定程度上虽然可以相互借鉴，并有可能日益融合，但从学术研究的角度看，二者是不能相互替代的。

（二）城市景观

从人类实践的角度分析，景观分为自然景观和人文景观。自然景观是天然景观和人文景观的总称。天然景观是指只受到人类间接的、轻微的影响而原有自然面貌未发生明显变化的景观，如极地、高山、大荒漠、大沼泽和热带雨林等。人文景观是指受到人类直接影响和长期作用，自然面貌发生明显变化的景观。如城市、村镇等城市景观作为一种人文景观，包括自然景观和人工景观。事实上，由于人类漫长的改造自然的活动，自然景观与人工景观的界限是较难确定的。因此，将城市景观理解为自然景观与人工景观的复杂综合体更为确切。

广义的城市景观概念不但包含狭义的“景”，还包含人的感知结果“观”以及人在“景”中实现“观”的过程即社会生活。于是，城市景观可归纳为“城市环境”“城市生活”“城市意象”三个方面。

二、城市景观的美学特征

（一）城市景观美的复杂性

人们在分析城市园林景观构成要素时，常常只简单地将其拆解为自然景观和人文景观，或者直接将山石、水体、植物这些具象的物质作为其审美要素，从而认为城市园林景观的美就是对这些客体产生的审美感受的简单总和。不能否认，这些审美对象的色彩、形体、质感等能给人带来愉悦的感官感受，但这种审美体验属于低层次的。

城市景观不是对自然景观的机械模仿，而是融合了人们的美学追求，对生存环境的再创造，它应该体现出人们的审美理想。从城市景观的平面布局和空间序列组织上来说，由各种物质要素构成的景观，尽管有各自不同的形体和外貌，但它并不一定会自然地具有审美价值，只有通过创作者独具匠心的构思，进行有目的、有意义的典型化创作活动，才能使它们具有较高的审美价值，给人带来美感。这正是古人所谓的“美不自美”。相关的画论、诗论等被充作园林景观设计的指导思想，如“天然图画”的设计理想，“虽由人作，宛自天开”的美学原则等，均是通过构景要素和谐、有序的组合，以体现景观整体、协调之美。此时城市园林景观的美体现为画境美。

城市景观还蕴含着特定的文化内涵。名胜古迹的美学价值就体现在它们所承载的文化意义和历史意义上。而传说、游记、诗词等往往能沟通景观与人的内心情感世界，使人产生联想，进而获得更深层次的审美感受。园林景观所传达的象外之旨、弦外之音，是其审美价值的最高体现。

由此可见，城市景观美的复杂性不仅表现在其审美对象（从一石一水到万水千山）的丰富性，更表现在其美的层次性，即“生境之美—画境之美—意境之美”。人们的审美体验也是从感官产生的愉悦，通过联想、幻想、领悟等意识活动而激发为美感。

（二）城市景观美的功能性

“美是人们创造生活、改造世界的能动活动及其在现实中的实现或对象化。”即美究其本质是事物的“客观社会价值”。由此出发，我们可以看到美不是一个纯形式的问题。园林景观的美首先体现的是一个功能的美，再从宏观、中观、微观角度对其作考察。

从宏观上来讲，园林景观首先要满足的是维护城市生态环境的平衡这一功能。园林景观不是城市的点缀，不是人们为造景而造景，它具有功能的必然性与合理性。随着城市化的深入，人类的生存环境日益受到破坏，城市景观因其特殊的构成而在协调人与环境关系中扮演着重要的角色。抽去园林景观这一功能上的美，而只从技术、形式角度谈园林景观的美学意义是失之偏颇的[①]。

从中观上讲，园林景观的功能美体现在园林景观构成人类生活环境的重要内容。中国古典园林在发展过程中，曾对园林景观明确地提出“可观、可望、可居、可游”的功能性要求。随着现代生活内容的丰富，园

① 刘磊．城市园林景观美学特征浅析[J]．广东园林，1999（1）：27-29

林景观作为人民游览、休憩、娱乐、科普、教育、体育锻炼等的场所，其功能正在不断地拓展与增强。对人民群众这种生活要求的满足，就是园林景观功能美的现代体现。建造者不从这个角度出发进行园林景观创作，会极大地削弱园林的实用价值和美学价值。

从微观上讲，园林景观的功能体现在满足人对园林景观的心理需求。人们对园林景观所倾注的热情，其本质离不开人的生物性特征。人来源于自然界这一事实，不可改变地决定着人的内心的深层向往。正是出于这一原始的动机，人会努力使自己的生存环境同自然协调一致，当城市生活的发展与此发生冲突时，人便产生了对园林景观的迫切的心理需要。同时，人有其主观能动性。人们必须对其生存的环境进行有目的的改造和利用。对人自身创造力的肯定也是人的心理需求。所以，在对城市景观的观照中，人们就能得到这种对人类创造力的肯定，由此获得愉悦的审美感受。

（三）城市景观美的动态性

城市景观不仅是一个三维的空间构成，与绘画、雕塑等造型艺术相比，其第四度空间——实践的特征显得尤为突出。园林景观将“空间意识转化为时间进程”。这也决定了城市景观的美不只是一种静态的美，同样也是一种动态的美，体现了一种“时间进程的流动美”。

人作为城市景观审美的主体，其流动性有表层和深层之分。表层意义主要是指人的行为的流动性。我们常用“观赏”与“游玩”来描述人们在园林中的行为，这是在时间中展开的审美行为。随着人的视线的转移，园林景观带给人以变化的审美体验。局部的景观有其相对独立的审美意义，但对园林景观的总体感受，是综合局部体验后得到的。处理好局部与整体的关系，处理好局部审美体验之间的起承转合等内在联系，就是人的行为流动性对园林景观设计提出的要求，也就是园林景观美的动态性表现之一。审美主体流动性的深层意义体现在人对现实世界的把握，对美学的认识及对美学标准的流动更新上。人们往往以自身生存的适宜度作为美的尺度。由于现实生活的发展，人对自身生存适宜度的认识是不断发展的，美的尺度也因此而变化，在对客体的观照中获得的审美体验也由此而不同。如竹篱茅舍、牧童短笛既可视作宁静的田园风光，亦可视作落后的农业经济的典型环境，这正是由于审美主体的美的尺度的变化。

审美客体即景观本身的变动性体现在时间的物候学意义和社会学意义两方面。其物候学意义是指城市景观随时间的不同，在具体的景观表象上呈现不同的变化，如春夏秋冬的季节变化，风雨雷电的气象变化，清晨、黄昏的时辰变化，园林景观美随之呈现不同的变化，即美的动态性。其社会学意义是从历史的角度出发，城市景观会连续不断地发展、变化、衰败、更新，传统和现代矛盾交替，由此，景观的变动性不只是消极的变迁和演化，是融入了人的改造环境的有意识的行为，这种变动包含有传统、风格、习俗等的继承和发展。人的行为既可正向促进园林景观的美学内涵，使之得到丰富和发展，也可使其削弱和湮灭。

所以，人们从城市景观美的动态性出发，要求在景观设计时，应有对时间的自觉性，有一种时空结合的设计观，这样才有可能适应城市景观审美主客体变化的需要。这也是建立持续发展的城市生态环境的需要。

三、园林景观与城市的关系

（一）园林景观与生态环境的关系

随着工业化和城市化进程的加剧，人类生存环境受到破坏，这也迫使人们保护自然生态环境，以谋求优良的生存环境。人类对人居环境的重视，极大地推动了园林学与生态学的发展。人们开始把园林绿化作为主要手段，因势利异地利用对城市生态环境有重大影响的有利因素，从促进生态平衡的高度，将园林绿化事业推向生态园林的新阶段。

生态园林是指以生态学原理为指导（如互惠共生，生态位，物种多样性、竞争，化学互感作用等）所建设的园林绿地系统。在这个系统中，乔木、灌木、草本植物等被因地制宜地配置在一个群落中，具有不同生态特性的植物能各得其所，能够充分利用阳光、空气、土地空间、养分、水分等，构成一个和谐、有序、稳定的群落。遵循生态学原理，运用生态设计手法，构建人、生物与环境的和谐共存、良性循环的生态环境，

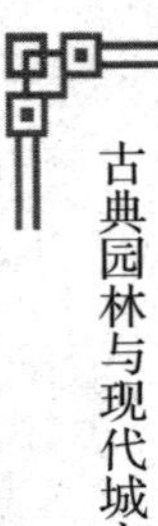

实现人类和环境的和谐、可持续发展，成为生态园林的历史使命。

（二）园林景观与人的关系

一方面，人作为客体，是园林景观的体验者、使用者、评价者。园林景观为人而建，园林景观中的人作为客体是园林景观的使用者。园林景观为人提供多种体验场所，满足人的多种需求，并影响人的心理与行为。园林景观的适宜性是以人的感受与评价作为评判标准的。对环境的研究表明，尊重关怀人的园林景观能提高人们的生活兴趣与生活质量，对人类的进步与发展起到推动作用，故被视为好的园林景观。而忽略人的需求的园林景观，会加深人际间的陌生感，提高环境的不安全性，降低人们对环境的控制感，降低人的工作效率，故被视为劣质的园林景观。

另一方面，人作为主体是园林景观的创造者、建设者。园林景观与园林景观设计是由人主导，是人类为了生存和生活而对自然的适应、改造和创造的结果。在此，人作为主体，能动地营建了优美的园林景观，使人类的生活质量得到很大的改变。无论东方或西方，园林景观历史都源远流长，并且在不同区域、不同的时期，园林景观的面貌呈现出各自的特色，具有极大的差异性，产生这种情况的原因在于人。不同的人受不同的历史、文化传统影响，有不同的价值取向、审美取向，因此，由人设计、建设的园林景观便具有多样性。在建造园林景观的同时，园林景观成为人精神、情感的寄托，表现为个人或群体的生活的理想。如我国的古典园林具有浓厚的文人气质，正是文人造园的必然结果。

（三）园林景观与城市的关系

城市是人类文明的产物，是人们利用自然物质创造出来的一种“人工环境”。人们的聚居由群落到村镇再到城市，逐步离开了大自然，从这一角度出发，也可以说城市化的过程是人和自然分隔的过程。不过，从现代城市诞生起，作为“第二自然”的园林绿地就伴随着城市发展，成为城市文明的代表和见证。

近一个多世纪以来，随着工业的发展，人口的聚集，城市的规模不断扩张，越来越多的人意识到，人类要有更高质量的物质生活和社会生活，永远也离不开自然，人们希望在快速发展的城市中寻得“自然的窗口”[①]。从19世纪初开始，人们一直在探寻这个“窗口”，“城市公园运动”“田园城市”等是其中重要的思想。当前，城市的开发与建设愈加回归理性，人们认为，城市环境应该建立起一种人与自然、人工环境与自然环境相平衡的新秩序。园林与城市协调发展的理念已逐步得到人们的认同。生态园林城市成为城市发展的新理念。

① 曾申菊．探讨城市园林景观的规划与发展方向[J].智能城市，2020，6（18）：111-112.

第二章　中国古典园林艺术元素及手法

第一节　中国古典园林的艺术语言

一、古典园林中的建筑元素

（一）园林与建筑的关系

园林是建筑与园艺工程相结合的产物。建筑最初是为避风雨、防兽害，是确保人类安全的基本生活环境，故而出现极早，其历史可追溯到史前。园林则属休闲场所，是随着居室建筑功能的扩展而产生的。建筑在中国古典园林中具有使用与观赏的双重功能，是园林的基本要素之一。

园林建筑不同于一般建筑，是园林的重要组成部分。建筑的有无是区别园林与天然风景区的主要标志。园林建筑除了满足游人遮阳避雨、驻足休息、生活起居等多方面的实用需求外，也与山水、花木、动物等结合，且常在山石、水景和花木的陪衬下成为园林的主景。在中国，园林建筑与园林的关系是水乳交融的。中国园林因为有了精巧、典雅、多姿的园林建筑的点缀而更加优美，更加适合人们游玩观赏。一个园林是幽静、淡雅的山林田园风格，还是富丽、豪华的风格，主要取决于建筑是淡妆还是浓抹。园林建筑因园林的存在而存在，没有园林风景，就根本谈不上园林建筑；反过来，若没有相应的园林建筑，园林就缺少了重要的观赏内容。建筑与风景的紧密结合是园林建筑的基本特征，也是区别于其他建筑类型的一个最重要的标志。

经过造园家们的长期探索与积累，中国园林建筑在单体设计、群体组合、总体布局、类型及与园林环境结合等方面，都有了相当完整而成熟的经验。园林建筑千姿百态，是立体的画、凝固的诗，建筑本身便构成极优美的景观[①]。此外，园林建筑又往往设在欣赏景致的最佳位置，因此建筑也是风景的最佳观赏点。

（二）园林建筑类型

中国园林与园林建筑的关系是水乳交融的。园林中因为有了精巧、典雅的园林建筑的点缀而更加优美，更适合人们游玩、观赏。由于园林建筑是由人工创造出来的，比起山、水、植物，人工的味道更浓，受到自然条件的约束更少。建筑的多少、大小、样式、色彩等的处理，对园林风格的影响是很大的。

从形式看，园林建筑是一种生活方式，是一种精神向往的物质依托。园林中的建筑样式多变，几乎集中国古典建筑之大成，有厅、堂、斋、台、亭、楼、榭、轩、廊等，根据居住、游赏、读书、作画、品茗、宴饮、抚琴、弈棋的需要而构筑。这些建筑本身结构奇巧，装饰优美，富于意趣，具有特殊的艺术魅力。

1. 厅堂

计成在《园冶》中说：“堂者，当也。谓当正向阳之屋，以取堂堂高显之义。”厅堂是园林中的主体建筑，体量较大，是园林主人进行会客等活动的主要场所。它们一般都居于园林中最重要的位置，既与生活起居的建筑之间有便捷的联系，又有良好的观景条件和朝向，建筑的体型也较高大，往往是园林建筑的主体和构图的中心。厅堂内四界构造用料不同，用偏方料者曰厅，用圆料者曰堂。

厅堂有三种基本形式，即荷花厅、鸳鸯厅、四面厅。

（1）荷花厅

这种厅堂布置于居住场所与园林之间的交界部位，并与两者都有紧

① 赵龙．古典元素在园林设计中的运用[J]．绿色科技，2011（4）：111-112.

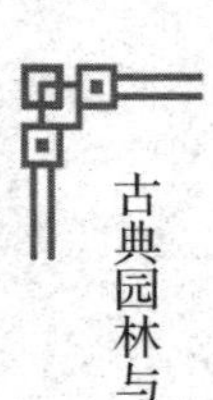

密的联系，朝向好，观赏条件也佳。它面有三五开间，前后开敞或四面开敞，以利于观景和通风。厅堂的正面一般对着园林中的主要景物，临水而建，通常采取“厅堂——水池——山亭”的格局，宽敞的平台是室内外空间的过渡。例如，无锡寄畅园的嘉树堂，苏州留园的涵碧山房，广东余荫山房的深柳堂等。

图 2-1　寄畅园之嘉树堂

图 2-2　留园之涵碧山房

图 2-3　余荫山房之深柳堂

（2）鸳鸯厅

这种厅堂好似由两进厅堂合并而成，进深很大，平面形状比较方整。冬夏两用，冬春面南，有和煦阳光，夏秋朝北，有凉气阵阵。主人随季节变化而选择起居、待客的位置。例如，苏州留园的林泉耆硕之馆、狮子林的燕誉堂、拙政园的三十六鸳鸯馆等。

（3）四面厅

当厅堂完全融于园林之中时，就产生了一种四面开敞的建筑形式——四面厅。人们坐在厅中，可观赏到360度范围内的景色。四面厅由于四面脱空地布置于园林的中心部位，因此，建筑的体量与造型对于园林景观的组织起着重要的作用。例如，苏州拙政园的远香堂，它的正面是园林的主要空间；北面隔水相望的是雪香云蔚亭；西北面透过水面为荷风四面亭和见山楼；东北面为待霜亭；正东面为梧竹幽居，视线深远；西南面是以曲廊联系的小飞虹水庭空间；东面是绣绮亭、枇杷亭等一组建筑空间；南面是起着障景作用的水池、假山、小园。远秀堂面面有景，旋转观看，好像是一幅中国山水画长卷。

在北方的皇家园林，封建帝王所使用的建筑称作“殿”“堂”，与一定的礼制、排场相适应。园林中的“殿”是官式做法中最高等级的建筑物。在整体布局上，一般主殿居中，配殿分列两旁，严格对称，并以宽阔的庭院及广场相衬托。

皇家园林中的“堂”是供帝后生活起居、游赏休憩的建筑物，形式上要比“殿”灵活得多。它的布局方式大体有两种情况：一种是以厅堂居中，两旁配以次要用房，组成封闭的院落，供帝后在园内生活起居之用，如颐和园的乐寿堂、玉澜堂、益寿堂，承德避暑山庄的莹心堂等。另一种是厅堂居于中心地位，周围配以亭廊，由山石、花木组成不对称的画面，厅堂内有良好的观景条件，可供帝后游园时休憩观赏，如颐和园的知春堂、畅观堂、涵虚堂等。

2. 斋

斋，是斋戒的意思。计成在《园冶》中说：“斋较堂，唯气藏而致敛，有使人肃然斋敬之义。盖藏修密处之地，故式不宜敞显。”园林中的斋，一般处于静谧、封闭的小庭园中，常是园主修身养性的场所，多用于学舍书屋。斋的建筑形式各不相同。它可以是一座完整的园林，也可以是一个小庭院，但共同的特点是多设于园林的僻静之处，常以叠石、植物进行遮掩，建筑体量适中，结构素雅，营造出一种幽静的环境。

3. 台

台是中国最古老的园林建筑形式之一。早期的台是一种高耸的夯土建筑，古代的宫殿多建于台之上。台后来演变成厅堂前的露天平台，如月台、露台。另外，古典园林中还有若干以亭、榭、阁、假山等形式出现的台，如苏州留园冠云台、扬州瘦西湖熙春台等。

4. 亭

世界各国都有亭这种建筑类型，并都按照本民族人民的喜好与建筑的传统，不断创造出不同的形象。我国的亭不仅有着悠久的历史，而且在漫长的发展过程中，逐步形成了独特的建筑风格和丰富多彩的建筑形式。亭是逗留赏景的场所，也是园林风景中的重要点缀。自亭进入园林以后，亭的实用意义逐渐被淡化了，代之而起并逐渐突出的是它的审美观赏价值，即艺术功用。基于总体布局上的要求，园林建筑被赋予观景与看景的双重功能，具有特殊形态的亭子便成了这一双重功能的最完美的实现。就点景功能而言，亭子是游人视线的落点和起点。

亭的位置、式样、大小因地制宜，变化无穷。亭有半亭、独立亭、鸳鸯亭之分。亭的平面有方形、长方形、六角形、八角形、圆形、梅花形、扇面形等。亭的立面有单檐、重檐之分，其中以单檐居多。亭顶式样多采用歇山式或攒尖顶。

“花间隐榭，水际安亭”是说亭的选址必须符合园林的整体布局。大型园林中的亭多布置在景点或观景点上。小型园林中亭常作为主景，筑于山间池畔，或辅之以幽竹、苍松，运用“对景”“框景”“借景”等手法，创造出不同的景观画面。

5. 楼、阁

楼阁是园林内的高层建筑物，不仅体量较大，而且造型丰富，变化多样，有广泛的使用功能，是园林中重要的建筑。

园林中的楼在平面上一般呈狭长形，面阔三五间不等，形体曲折延伸；立面为二层或二层以上的建筑物。由于楼阁体量较大，形象突出，因此，在建筑群中既可以丰富立体轮廓，也能扩大观赏视野。

园林中的阁与楼相似，也是一种多层建筑。阁在造型上，高耸凌空，比楼更完整、丰富、轻盈，集中向上。平面上常作方形或正多边形。《园冶》上说：“阁者，四阿开四牖。”阁的一般形式是攒尖屋顶，四周开窗，每层设围廊，有挑出的平座等。在位置上，“阁皆四敞也，宜于山侧，坦而可上，便以登眺”。一般选择在显要的地势建造阁。

我国历史上著名的楼阁很多，如武昌的黄鹤楼，湖南的岳阳楼、南昌的滕王阁。

楼阁在园林中的布局大致可归纳为以下几种方式：①独立设置于园林内的显要位置，成为园林中的重要景点；②位于建筑群体的中轴线上，成为园林艺术构图的中心；③位于园林的边侧部位或后部，丰富园林景观。

6. 榭

榭由古代的台演化而成，江南园林中的榭也有以水阁相称的。榭多数为临水建筑，一般都突露出岸，架临于水上，结构轻巧，空间开敞，是一种充分显示美感和技巧的小品建筑。它依山逐势，畔水亭立，一面在岸，一面临水，给人以凌空的感受。幽静淡雅、别有情趣的榭是人们读书、抚琴、作画、对弈、小酌、品茗、清谈的最佳所在。

在南方私家园林中，由于水池面积较小，因此水榭的尺度也较小。为在形体上与水面协调，水榭常以水平线条为主。建筑物一半或全部跨入水中，下部以石梁柱结构支撑，或用湖石砌筑。临水一侧开敞，或设栏杆，或设美人靠。屋顶多为歇山回顶式，四角起翘，轻盈纤细，如苏州拙政园的芙蓉榭。榭运用到皇家园林中，除保留其基本形式外，又增加了宫殿建筑的浓重色彩，建筑浑厚持重，尺度相应加大，色彩金碧辉煌。如颐和园的洗秋和饮绿两榭。

7. 轩

在园林中，轩一般指地处高旷、环境幽静的建筑物。中国古典园林中，轩多置于高敞或临水之处，是用作观景的单体小型建筑，如苏州留园的闻木樨香轩、上海豫园的两宜轩。轩的临水一侧完全开敞，仅在柱间设美人靠，供游人凭倚坐憩，形式与性质上都与水榭相近，但一般不像榭那样伸入水中。轩的形式多样，有船篷轩、海棠轩、弓形轩、鹤颈轩等，造型优美，为江南园林建筑所特有。

8. 桥

桥在园林中可联系两岸、沟通园路、方便游赏。桥是园林中组景的重要因素，并兼有交通和观赏的双重功能。桥的造型变化丰富，小型园林中的桥小巧精致，以平桥居多，常贴近水面，以取凌波行走之势。桥也用于划分水面，以增加水面的空间层次感。较大的园常以曲折之桥跨越水面，一曲一折都有景致对应，以使游人在曲折行进之中领略步移景异之妙。大型园林中，桥是重要的景观建筑，造型丰富，讲究气势，注重雕刻装饰，如颐和园十七孔桥与玉带桥、北海公园永安桥、瘦西湖五亭桥等，均是园林景观中的点睛之笔。桥按材质分，有石桥和木桥等。

桥梁是架空的道路，水上的建筑，它近水而非水，似陆而非陆，架空而非空，是水、陆、空三个系统的交叉点。它作为建筑艺术的一部分，本来是以实用性（沟通两岸交通）来实现其社会价值的，但一旦把它组合到园林之中，实用性的第一要求就让位于审美的第一要求了。

中国古典园林以自然山水为蓝本，水面景观是园林的重要元素之一。园林中的水面，不少是造园者按园林景观审美的需要而有意挖掘的人工湖、人工河。在这样的水面上架设的桥梁，其功能不再以沟通两岸的交通为主要目的，而是园林艺术家别出心裁的艺术构思和高雅精致审美情趣的体现。园林之水因园林审美的需要而设，园林中的桥梁当然也不是对水的征服，而是对奇山秀水补充性的渲染和点化。它通过自身形象的勾画，为整个园林景观锦上添花，使环境达到如诗如画般的艺术效果。因此，园林中的桥以审美要求为第一，实用功能为第二，这是园林中的桥与普通桥梁在功能上的差别。许多园林中造型优美的桥梁已成为著名的风景点。

在中国古典园林中，桥在位置、大小与造型三个方面处理得很好。从位置而言，园林与其周围环境结合，桥与其联系的景物共同组成完整的风景画面，成为园林景观的一部分。

9. 廊

廊是一种微妙的建筑。它狭长而通畅，弯曲而空透，两排亭亭玉立的细柱托着轻盈而不厚实的廊顶，时拱时平，宛转多姿。在我国古典园林中，厅堂楼阁是“实”的，而廊是“虚”的，两者结合，便有了虚与实统一的和谐美，本来规整、沉滞的院落也变得空灵而富有生气。廊给人的感受是很特殊的。沿着廊漫步，既像在室内，又像在室外。这种亦内亦外、内外交流的空间，使人产生一种“过渡空间”的慰藉心理。造园家就是通过廊将两种不同的空间感受微妙地融合在一起。

（1）廊妙在“曲”

廊随形而弯，依势而曲，或盘山腰，或穷水际，通花渡壑，蜿蜒无尽。“别梦依依到谢家，小廊回合曲阑斜”，一句诗道尽了“回廊”之美。“回廊九曲”不是造园家们的故弄玄虚，而是借“曲”组景，借“曲”增幽。一道普普通通的廊，三步一折，五步一曲，能“曲”出许多“小天地”，于无景处生景，为园林添了层次，加了风情。

（2）廊妙在“长”

一个细长的空间，由于纵向的方向性比较强烈，不仅意境深远，而且能促使人产生某种期待与寻觅的情绪。廊越长，这种情绪越强烈。造园家正是利用这种细长的空间给人的特殊感受来达到“引人入胜”的目的。

（三）园林建筑细部

中国古典园林在发展历程中，创造了许多独具特色的细部装饰手法，精美的装折是中国古典园林建筑的重要特点之一。南北方古典园林建筑及其装饰风格迥异，以不同的样式展现了中国古典园林的装饰艺术成就。

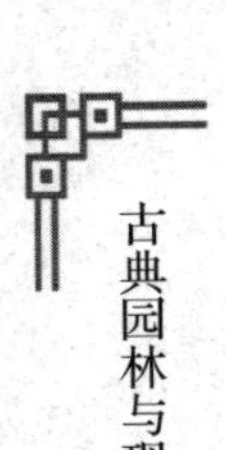

中国古典园林建筑装折包括门窗、墙垣、梁柱、斗拱、栏杆等，此外，陈设也是园林建筑安装的重要组成部分。

1. 门

门通常指建筑群落及院落的出入口。中国古典府宅园林一般都在院落前设置门屋，或三间或五间，视主人的地位而定，从大门上一眼就能看出园主的社会地位。中国古典园林中，门的形式很多，在每个不同性质空间的交界处都要设门。砖雕门楼多为南方园林采用，上面精雕细刻着花卉、人物等图案，垂花门在北方园林中常见，造型华丽。较为普遍的形式则是形态各异的门洞，其样式有圆形、瓶形、月牙形、直长形、长六角形、海棠形、葫芦形等。门洞往往又是观赏园林景观的最佳位置，在门洞的另一面多设置叠石、花木等，处理成对景或框景，如画框一般组成一幅幅美丽的画面。门洞样式如图 2-4 所示。

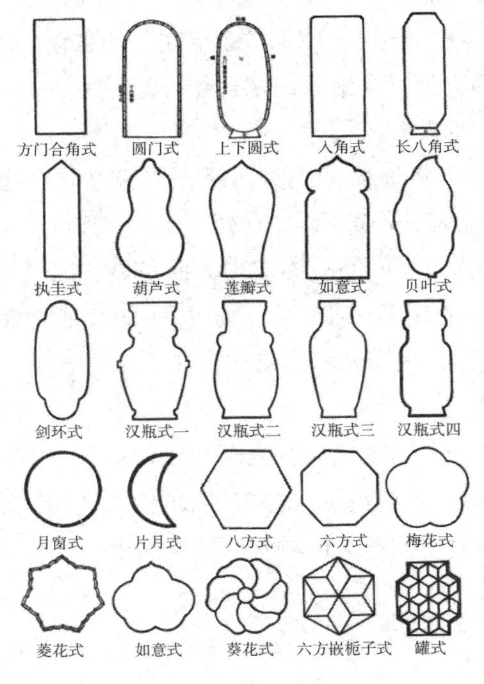

图 2-4　各式门洞

其他单体建筑中的门通常以隔扇门的形式设置在厅堂楼馆中。隔扇门又称长窗。中国木结构建筑的墙面不承重，主要为了分隔空间。为使内外空间更好地连接并通透，中国古典园林建筑常以隔扇门为墙，甚至占据建筑的整个开间，并可自由开启。园林建筑中常采用一面甚至四面长窗的形式，长窗的下半部为裙板和绦环板，其上多装饰有雕刻图案，如苏州网师园隔扇门、郭庄苏景阁隔扇门、北京颐和园宜芸馆裙板、北京拙政园秫香馆裙板等。

2. 窗

园林建筑中的窗与隔扇相似，只是少了隔扇裙板以下部分。半窗用在次间或过道、亭阁的柱间，窗下用栏杆衬板，或砌半墙，半墙约高50厘米。地坪窗多用在厅堂、次间、廊柱之间，通常为六扇，其式样与构造和长窗相似，但长度有一些短。横风窗用于较高的房屋中，装在上槛和中槛之间，成扁长方形。与合窗样式较不同，横风窗上下两窗固定，中间用摘钩支撑，又称为支摘窗。砖框花窗用在建筑的山墙上，窗框为水磨砖拼接而成，外形有方形、长方形、六角形、八角形等，是一种不能开启的窗。

分隔园林的粉墙及廊间墙上常开漏窗。漏窗是园林设计中重要的装饰手段，可使呆板的墙面产生丰富的变化。在划分景区时，漏窗可使空间隔中有透，并运用虚实对比和明暗对比等手法，增加层次。漏窗本身的造型图案与题材灵活多样，大体分为几何形与自然形两大类。几何形图案如万字、练环、冰裂纹、鱼鳞等；自然形图案有花卉、鸟兽。此外，漏窗图案还有人物故事等。漏窗的图案题材大多取材于日常生活、自然和社会活动，在一定程度上是社会文化、风俗习惯、审美艺术观的集中体现。中华民族一直向往和追求和平、宁静、健康、幸福等。这些理念在漏窗上有所体现。漏窗常作成“福”“禄”“寿”“喜”等代表吉祥、幸福的文字图案形式。如拙政园复廊漏窗、沧浪亭复廊漏窗、西湖小瀛洲漏窗等。

园林中的漏窗的重要性不仅在于它是园林建筑中不可或缺的结构和装饰部件，而且在于它是园林中的一个主要造景元素。这些漏窗样式丰富多彩，位置灵活多变，多通过以小见大、虚实相间、实中有虚、虚中有实等手法，或漏景、或框景、或借景，使景色发生变化，增加空间层次感。

3. 墙

园林中的墙多用来分割空间、衬托景物或遮蔽景物等。南方园林面积狭小，建筑密集，需要在小面积内划分出不同空间，因而多以院墙进行隔离。建筑师们采取多种方式建造形态各异、通透而又富于装饰美的墙。墙的形式上，波浪形的云墙、龙墙构成高低起伏的主体轮廓；墙的颜色上，采用白色墙面、黑色瓦顶，色调清淡素雅。园林建造者以白墙作背景，衬以山石、花木，犹如在白纸上作画，使园林大为增色。此外，园林建造者还在墙上开洞，作成洞门、漏窗或洞窗等，并在漏窗上大做文章，形成丰富的建筑图案艺术。

常见墙垣有砖墙、乱石墙和白粉墙，中国古典园林中常用白粉墙。墙依地势而建，曲折蜿蜒，起到划分空间、增添层次作用。在园林的院墙和走廊、亭榭等建筑物上，设有不装门扇的门孔，称为月洞门或洞门。洞门除供人通行外，在园林中又常作为取景框，使人在游览过程中能观赏隔墙的景色。建造者还在门洞后面置石峰、竹丛、花木之类，构成一幅幅别有韵味的装饰画面。洞门还有增加视角深度和扩大视角空间的效果。

4. 屋顶

屋顶使中国古典园林建筑具有典型的外部特征，常见的样式有硬山顶、歇山顶、攒尖顶等。屋脊、屋角、瓦当等的形式与装饰丰富多彩。南方园林建筑的屋顶多采用小青瓦，屋角轻盈高翘。脊饰雕塑有各种富有寓意的动物、人物造型等，常见的屋顶装饰有三星高照、和合二仙及各种花草图案等。皇家园林、寺观园林建筑的屋顶多采用琉璃瓦，金碧辉煌，庄严肃穆，屋顶装饰多为各种神化的动物、人物等。

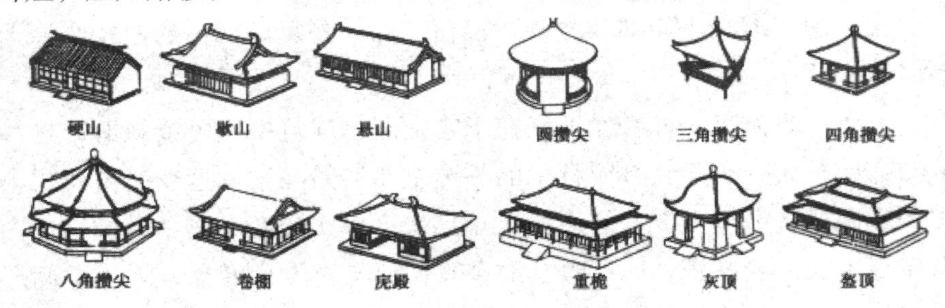

图 2-5　屋顶样式

5.栏杆与挂落

栏杆与挂落在园林建筑中独具特色，通常作为园林建筑的附属部件出现，有的设置在室内，有的设置在室外。栏杆、栏落既有实用的功能，又有装饰的效果。栏杆常装在走廊两侧，也可代替半墙，装在地坪窗、和合窗之下。栏杆既可采用竹木材料制作，又可采用石质材料制作。栏杆装饰的重点是望柱、栏板等，常用题材是祥禽瑞兽、云水图案等。挂落是挂在建筑及游廊檐柱之间、额枋下面的装饰物，北京称之为倒挂楣子，是汉唐悬挂帘的引申和发展，起到笼罩边框、略示空间划分的作用，多以细木条拼成步步锦、亚字、万字、井口等纹样。

二、古典园林中的山石元素

（一）古典园林用石类型

1.黄石

黄石造型方刚质朴，棱角清晰，富折线变化，苍劲、古拙而具阳刚之美。其主要品种有江浙黄石、西南紫砂石、北方大青石等。黄石一般用于叠山、拼峰或散置，极少独峰特置。由于黄石相对价廉，分布广泛，采取便利，因此常用于堆叠大型假山。黄石在江南园林中的应用仅次于太湖石。特别是扬州一带的园林，黄石叠山、置石十分普遍。

2.湖石

湖石体态婀娜、玲珑通透，为园林叠山之首选。太湖石用于造园已有上千年历史，因产地不同而有南太湖石和北太湖石之分。太湖石性坚而润泽，纹理纵横、起伏多变，最具特色的是由溶蚀和风浪冲击而成的透空涡洞和凹坑，如枪击弹穿，故名“子弹窝”。所谓瘦、透、漏、皱的品石标准也主要是针对太湖石的形态而言。计成认为“此石以高大为贵，惟宜植立轩堂前，或点乔松奇卉下”。

3.灵璧石

灵璧石产于安徽灵璧县，故而得名。灵璧石埋于土中，经加工清理，去除浮土，打磨加工之后才能显得光亮。灵璧石色泽有黑、白、赭红色等。灵璧石有金石之声的说法，如果敲击灵璧石，会发出悦耳的声音。

灵璧石磬在古典乐器中很有名气。由于灵璧石兼有形、质、色、声之美，因此很受欢迎。计成在《园冶》中也说到灵璧石的好处："可以顿置几案，亦可掇景。有一种扁朴或成云气者，悬之室中为磬。"文震亨则认为："石以灵璧为上，英石次之，然二品种甚贵，购之颇艰，大者尤不易得，高逾数尺，便属奢品。"灵璧石以色黝黑，润泽光亮，多皱褶，扣之声如钟磬者著称。现存的中国古代园林的灵璧石当属苏州网师园冷泉亭内者最著名[①]。

4. 英石

英石产自广东英德，故名英石。英石以青灰色和灰白色较多，也有一种灰红色的。英石又有阴阳之分，埋于土中者为阴石，暴露于土层之外者为阳石。阳石色泽苍润，质地坚硬，扣之其声清越，品质优于阴石。英石为上乘之园林用石，一般较太湖石名贵。色黝黑润泽、扣声清越，且形体大者更为名贵。小巧精致者则可作为案头清供。英石在岭南园林中常见，多用于立峰。

5. 卵石

卵石又名河滩石，多出自海岸、河谷。岩石在地质变化和外力作用下断裂成碎块，经水流长年冲刷、滚动而成浑圆之状，形似卵而得名卵石。形、色、质俱佳的卵石可用于特置孤赏。著名的雨花石也属卵石类，因其色泽明艳、纹理精美而为人喜爱，成为盆碟清供之佳品。江南园林常以各色小圆卵石铺地，并镶嵌成各种颇具意趣的图案。

（二）置石叠山

1. 置石

（1）特置

特置是指将体量较大、形态奇特，具有较高观赏价值的山石单独布置成景的一种置石方式，亦称单点、孤置山石。苏州留园的三峰（冠云峰、瑞云峰、岫云峰）、苏州狮子林的嬉狮石等都是特置山石名品。

特置山石选用体量大、轮廓线分明、姿态多变、色彩突出，具有较

① 周迎．浅论古典园林山石理景法及其在当代园林中的活用[J]. 科技视界，2013(28)：276.

高观赏价值的山石。如杭州西湖的绉云峰因有深的皱纹而得名；苏州留园的瑞云峰以体量特大、姿态不凡且遍布窝、洞而著称；苏州留园的冠云峰因集透、漏、瘦于一石且高耸入云而名噪江南；上海豫园的玉玲珑以千穴百孔、玲珑剔透、形似灵芝而出众；北京颐和园的青芒岫以雄浑的质感、横卧的体态和遍布青色小孔洞而被纳入皇宫内院。

特置山石常用作入门的障景和对景，或置于廊间，亭侧、天井中间，漏窗后面，水边、路口或园路转折之处。特置山石也可以和壁山、花台、岛屿、驳岸等结合布置。现代园林中的特置多结合花台、水池、草坪、花架来布置。特置好比单字书法或特写镜头，本身应具有比较完整的构图关系。古典园林中的特置山石常镌刻题咏和命名。

特置山石布置的要点在于相石立意，山石的体量应与环境协调。如苏州网师园北门小院在正对出园通道转折处，以粉墙作背景，安置了一块体量适宜的湖石，并衬以植物。因其利用了建筑的倒挂棚子作框景，从暗透明，构成一幅生动的画面。北京颐和园仁寿殿前的特置太湖石，前有仁寿门为框景，后有仁寿殿作衬托，形象鲜明、突出，同时具有障景和对景功能，运用极为恰当。特置山石的安置可采用整形的基座（图 2–6）；也可以放置在自然的山石上面（图 2–7）。特置山石的自然基座被称为磐。

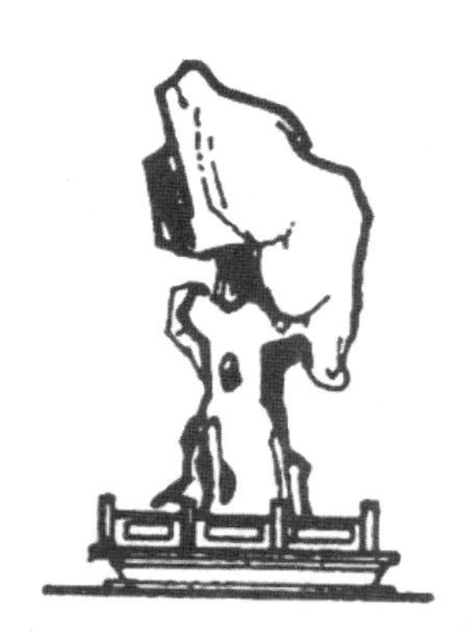

图 2–6　在整形基座上的特置

图 2–7　在自然基座上的特置

特置山石在工程结构方面要求稳定和耐久，其关键是找准山石的重心线以保持山石的平衡。特置山石的传统做法是用石榫头定位（图 2–8）。石榫头必须在重心线上，其直径宜大不宜小；榫肩宽 3cm 左右；榫头长

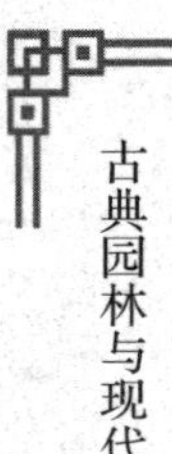

度根据山石体量大小而定，一般从十几厘米到二十几厘米；榫眼的直径应大于榫头的直径，榫眼的深度略大于榫头的长度，这样可以保证榫肩与基磐的接触可靠稳固。吊装山石前，须在梯眼中浇入少量黏合材料，待石榫头插入时，黏合材料便可自然地充满空隙。山石养护期间，应加强管理，禁止游人靠近，以免发生危险。

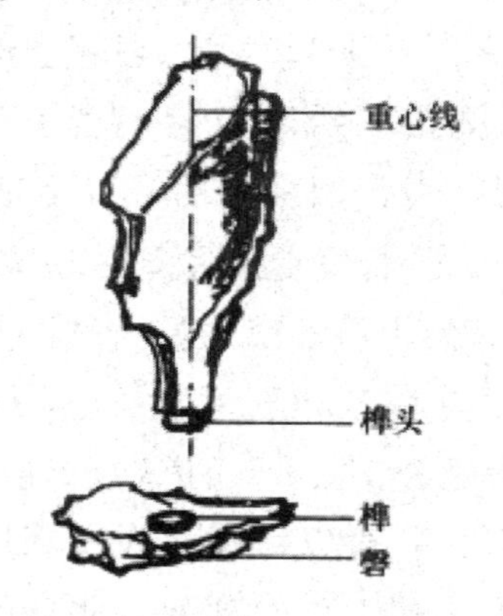

图 2-8　特置山石的传统做法

特置山石还可以结合台景布置。其做法为：用石料或其他建筑材料做成整形的台，内盛土壤，底部有排水设施，然后在台上布置山石和植物，仿作大盆景布置。

（2）对置

对置即沿建筑中轴线两侧对称布置山石（图 2-9），在北京的古典园林中运用较多，如锣鼓巷可园主体建筑前面对称安置的房山石，颐和园仁寿殿前的山石等。

图 2-9　对置

（3）群置

群置是指运用数块山石搭配组成一个群体，亦称聚点。这类置石的材料要求可低于特置，其关键是山石之间的组合、搭配。

群置常用于园门两侧、廊间、粉墙前、路旁、山坡上、小岛上、水池中，或与其他景物结合造景。如苏州耦园二门两侧，几块山石和松枝结合，护卫园门，共同组成门景。承德避暑山庄卷阿胜境遗址东北角尚存山石一组，寥寥数块却层次多变，主次分明，高低错落，具有寸石生情的效果。

群置的关键手法在于一个“活”字，布置时要主从有别，宾主分明，搭配适宜，根据“三不等”原则（即石之大小不等，石之高低不等，石之间距不等）进行配置。

群置山石还常与植物相结合，配置得体，则树石掩映，妙趣横生，景观之美，足可入画。

（4）散置

散置又称散点，即将石料零散布置的手法。散置难就难在“散”字上，其要点是有聚有散、疏密有致、宾主分明、高低错落、顾盼呼应，使众石散而不乱，散得有章法。如明代画家龚贤《画诀》云：“石必一丛数块，大石间小石，然须联络。面宜一向，即不一向，亦宜大小顾盼。石小宜平，或在水中，或从土出，要有着落。”

散置在园林置石中应用广泛，可用于山林与庭院、建筑、园路、水景之间的自然过渡，也常用于陪衬花木，使其形成更完善的景观构图。散置更多用于呼应大型假山，使其如真山余脉断续不尽。

传统园林中还有以置石为家具的做法，如石桌、石凳、石榻、石屏风等。置石为家具应巧用山石的自然形态并与周边环境相协调。石桌、石凳多置于假山山顶之开阔处，亦可置于亭中或池畔，饮茶、对弈无不相宜。

2. 叠山

采用叠山技法，模仿自然真山堆叠的石景景观被称为假山。我国园林假山有土山、石山和土石山等。

假山按所属空间类型又可划分为园山、厅山、楼山、池山、亭山、廊山、峭壁山、内室山等。庭园内堆叠假山即园山，园山应高低错落，疏落堆置。厅山一般在厅堂前叠三峰，或与厅相对，做成一石壁山。在楼阁旁堆山即为楼山，楼山应叠出平缓蹬道，以便登阁眺望。水池中叠山即为池山，池山上可架桥，水中点汀石，或暗藏洞穴，以便穿山涉水。筑有亭子的假山为亭山。廊旁的假山为廊山。峭壁山为靠墙叠置的山，像是以白墙为纸，以山石作画，理石应依皴合倔，遵循画理，若以松、梅、竹等与之配合，则更显诗情画意。内室山为室内叠山。北海公园“一房山”的内室山兼有观赏功能和实用功能，不仅壁立岩悬，而且有石阶蹬道，可攀至二层楼上。书房前叠山即为书房山，书房前堆叠小山或配置花木，使其疏密有致。

石洞、洞穴是假山中重要的组成部分，可增添假山的空间层次，营造真山范水的意境。砌山洞如理岩一样，先由两边悬挑石柱、石块，上面再压石收顶。顶上可建亭，亦可以卵石铺地或设山径，若堆土则可栽花植树。有时，假山上还预留漏隙，用以透光或贮水，为盛夏纳凉之好去处。

概而言之，附属建筑的各类假山应与主体建筑配合，相辅相成，特别应注重气势上的呼应和空间构图的完整。

（三）园林塑山

园林塑山在岭南园林中出现较早，是指采用石灰、砖、水泥等非石材料经人工塑造的假山，如岭南四大名园（佛山梁园、顺德清晖园、广州余荫山房、东莞可园）中都不乏灰塑假山的身影。经过不断的发展与创新，塑山已作为一种专门的假山工艺在园林中得到广泛运用。

1.塑山的特点

塑山在园林中得以广泛运用，与其“便”“活”“快”“真”的特点是密不可分的。

便——指塑山所用材料来源广泛，取用方便，可就地解决。

活——指塑山在造型上不受石材大小和形态的限制，可完全按照设计意图进行灵活的造型。

快——指塑山的施工期短，见效快。

真——好的塑山无论是在色彩上，还是质感上，都能取得逼真的石山效果。

2. 塑山的分类

园林塑山根据其骨架材料的不同，可分为以下两种：砖骨架塑山，即以砖作为塑山的骨架，适用于小型塑山及塑石；钢骨架塑山，即以钢材作为塑山的骨架，适用于大型假山。

3. 塑山过程中相关注意事项

（1）铺设钢丝网

钢丝网在塑山中主要起成形及挂泥的作用。铺设之前，先将分块钢架附在形体简单的钢骨架上，变几何形体为凹凸的自然外形，其上再挂钢丝网。钢丝网根据设计造型，用木槌及其他工具使塑山成型。

（2）打底及造型

塑山骨架完成后，若为砖骨架，一般以 M7.5 混合砂浆打底，并在其上进行山石皴纹造型；若为钢骨架，则应先抹二遍白水泥麻刀灰，再堆抹 C20 豆石混凝土（坍落度为 0~2），然后进行山石皴纹造型。

（3）面层批荡及上色修饰

沿成型的山石皴纹，抹 1 ∶ 2.5 水泥砂浆找平层，然后用石色水泥浆进行面层批荡，抹光，修饰成型。

三、古典园林中的理水元素

自然界的水千姿百态，其风韵、气势、倒影和声音等均能引起观赏者无穷的遐思。如果说山石是园林之骨架，那么水就可以说是园林的血脉。

（一）水的类型

1. 水体形式的划分

（1）自然式水体

自然式水体是指形式不规则、变化自然的水体，如保持天然的或模仿天然形状的河、湖、池、溪、涧、泉、瀑等，水体随地形变化而变化。如苏州怡园水面、南京瞻园水体、北京颐和园水体。

（2）规则式水体

规则式水体是指边缘规则，具有明显轴线的水体，一般由人工开凿成

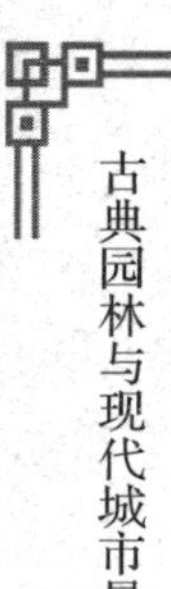

几何形状的水环境。按水体线形，规则式水体又可分为几何形水池和流线型水池两种。

（3）混合式水体

混合式水体是自然式水体和规则式水体相结合形成的水体。它吸收了前两种水体的特点，使水体更富于变化，特别适用于水体组景。如苏州留园水面、颐和园扬仁风水景等。

2. 水体功能的划分

（1）观赏性水体

观赏性水体也称装饰性水池，是以装饰性构景为主的面积较小的水体，具有很强的可视性、透景性，常利用岸线、曲桥、小岛、点石、雕塑来加强观赏性和层次感。水体可设计成喷泉、叠水，或种植水生植物兼养观赏鱼类。

（2）开展水上活动的水体

这种水体主要是指可以开展水上活动（如游船、游泳、垂钓等）的，要求具有一定面积的水环境。此类水体要求活动功能与观赏性相结合，并有适当的水深、良好的水质、较缓的坡岸及流畅的岸线。

3. 水流状态的划分

（1）静态水体

静态水体是指园林中成片状汇聚的水面，常以湖、塘、池等形式出现。它的主要特点是安详、宁静，能倒映周围景物，给人以无穷的想象。其作用主要是净化环境，划分空间，丰富环境色彩，增加景深。

（2）动态水体

动态水体是就流水而言，具有活力和动感，形式上主要有溪涧、喷水、瀑布、跌水等。动态水体常利用水姿、水色、水声等来创造活泼、灵动的水景景观，让人倍感欢快、振奋。

（二）水景表现形式

水景的基本表现形式主要有以下几种。

1. 流水

流水有急缓、深浅之分，也有流量、流速、幅度大小之分，蜿蜒小溪、潺潺流水使环境更富有个性与动感。

2. 落水

水源因蓄水和地形条件的影响而形成落差。水由高处下落则有线落、部落、挂落、条落、片落、层落、多级跌落、云雨雾落、壁落等形式，时而悠然而落，时而奔腾磅礴。

3. 静水

静水平和宁静，清澈见底，主要表现在以下三方面。

①色：青、白绿、蓝、黄、新绿等。

②波：风乍起，吹皱一池春水，波纹涟漪，波光粼粼。

③影：倒影、反射、逆光、投影、透明度等。

（三）园林理水

1. 泉瀑

泉为地下涌出的水，瀑是断崖跌落的水，园林理水常把水源做成这两种形式。水源或为天然泉水，或为园外引水或人工水源（如自来水）。泉源一般都做成石窦之类的景象，望之深邃幽暗，似有泉涌。瀑布有线状、帘状、分流、跌落等形式，主要在于处理好峭壁、水口和递落叠石。苏州园林中有导引屋檐雨水的，形成雨天瀑布的。

2. 渊潭

小而深的水体一般在泉水的积聚处和瀑布的承受处。岸边宜做叠石，光线宜幽暗，水位宜低下，石缝间配植斜出、下垂或攀缘的植物，上用大树封顶，营建深邃的空间感。

3. 溪涧

溪涧是泉瀑之水从山间流出的一种动态水景。溪涧宜多弯曲以增加流程，以显得绵延不尽。溪涧多用自然石岸，以砾石为底。溪水宜浅，可数游鱼，又可涉水。游览小径须时沿溪行，时踏汀步，两岸树木掩映，表现山水相依的景象，如杭州的“九溪十八涧”。曲水也是溪涧的一种，绍兴兰亭的“曲水流觞”就是用自然山石以理涧法做成的[①]。

① 吕媛．浅析古典园林的理水在现代水景中的传承[J]．城市建筑，2019，16（24）：106-107.

4. 河流

河流水面如带，水流平缓，园林中常用狭长形的水池来表现。河流可长可短，可直可弯，有宽有窄，有收有放。河流多用土岸，配适当的植物；也可造假山，插入水中形成“峡谷”。两旁可设临河的水榭等，局部用条石驳岸和台阶。水上可划船，并在窄处架桥。从纵向看，河流能增加风景的幽深感和层次感。如扬州瘦西湖等。

5. 池塘、湖泊

池塘、湖泊指成片汇聚的水面。池塘形式简单，平面较方整，没有岛屿和桥梁，岸线较平直而少叠石之类的修饰，水中植荷花、藻等观赏植物或放养观赏鱼类，再现林野、荷塘、鱼池的景色。湖泊为大型开阔的水面，但园林中的湖一般比自然界的湖泊小得多，基本上只是一个自然式的水池，因其相对空间较大，常成为全园的构图中心。

四、古典园林中的植物元素

古人提出，山以水为血脉，以草木为毛发……故山得水而活，得草木而华。无论园林的规模大小，素材多少，营建园林都离不开树木花草。从园林的本意看，花木似乎应是园林的主体。在中国传统文化中，花木又是寄寓了丰富文化信息的载体。中国古典园林似乎更注重花木的象征意义。

（一）植物选种

植物给园林添上了许多绚丽的色彩，增加了园林的观赏价值。计成一再强调植物对于住宅和人的重要性，强调其“为林”“葺园”的必要性，以及“幽趣”“深情”“堪为暑避”的科学价值和审美功能。植物景致以其缤纷的色彩、迷人的芬芳等，给人以种种不同的赏景感受。

在中国传统文化中，植物常用来比喻高尚的人格，寄托美好的生活祝愿。园主也常借园林植物来表达自己的理想和感情。如牡丹富贵，芍药荣华，莲花吉祥如意，杨柳妖娆多姿，苍松高尚，兰花幽雅，秋菊傲霜，翠竹潇洒……在中国传统文化中，这些植物不仅具有观赏价值，苏州网师园“清能早达”的南庭院植两株玉兰，后庭院植两棵金桂，合“金玉满堂”之意。

（二）植物配置

1. 植物之间的配置

不同植物有不同的生物习性，对水、土壤、光照、气温等生态环境有着不同的要求。因此，在花木配置过程中，园林建造者要注意遵循植物的自然生长规律，在兼顾园林功能与景观要求的同时，尽可能符合植物的生物习性，使其健康生长。园林花木配置应多引种本地种类，这样不仅可与生态环境相适应，而且能表现本土的自然景观风貌，形成自身风格与地域特色。园林花木配置还应结合地形地貌特点，认真选择植物的品种，做到布局疏密有致，空间层次丰富。园林花木配置要充分考虑植物配置的平面布局与立面景观效果的关系。在色彩方面，园林花木的配置应突出以绿为基调的园林特色。不同的植物有着不同的绿色，罗汉松浓绿、金叶女贞黄绿、竹翠绿等，层次丰富的绿色组成绿色的“交响曲”，令人赏心悦目。除绿色之外，园林的花木配置还应注意使用更多的色调，丰富植物群落的色彩层次，点缀活跃氛围。植物之间的配合应突出生物的自然特色，乔木、灌木、攀缘植物和地被植物应有机配合。不同叶型植物的配合，使花木在对照中更添情趣。植物配置还要考虑到植物的季相特征，充分利用常绿树木与落叶树木的配合，不同花季植物的搭配等，使园中景观富于变化，一年四季均有可赏之景①。

2. 植物与建筑的配置

植物与建筑的配置应体现自然美与人工美的和谐统一。中国园林建筑讲求自然天成，空间通透流畅，造型优美且富于变化。虽如此，建筑终究是人工构筑之物，孤立存在则难免显得生硬，缺少自然韵味。园林建筑一旦与植物有机结合，便可对景观产生强烈影响。植物以多变的线型柔化建筑，以丰富的色彩点染建筑，以优美的风姿美化建筑，以季相变化影响建筑，使建筑应时而变，从而增添魅力。植物可以作为建筑的背景，衬托出建筑的优美形态，还可以作为建筑之间的空间过渡。植物与建筑配合造景，可以形成以赏植物为主的景点。植物可完善建筑的立面构图，营造诗的意境。植物的花、叶、果、香都能装饰、点缀建筑。

① 张斌．中国古典园林植物配置思想论析 [J]．现代园艺，2015（14）：140.

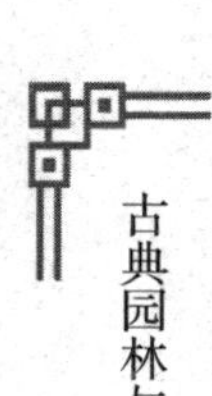

植物与建筑配合使得时空更好地融为一体，如拙政园“梧竹幽居”亭与迎春花（南面）、映日荷花（西面）、秋雨梧桐（北面）、怒放梅花（东面）的完美配合。

在进行建筑与园林植物配置时，建造者因园林地区不同，使用功能不同，须选择不同的植物，如北方皇家园林多选择松、柏等植物，显示皇家园林的尊贵气派。南方私家园林植物配置则充满诗情画意，多选用梅、竹、枇杷、桂树等植物。

3. 植物与水体的配置

植物与水有不解之缘，植物是生命之体，水则是生命之源。植物配置可以丰富水体的景观效果，较生硬的池岸线可用植物来进行柔化，相对单调的水岸可以花木来进行丰富。植物倒影还可以形成绚丽的镜像景观。植物的掩映不仅可以丰富水域的空间层次，加强景深感，还可增添意境。以植物划分园林水域空间，既自然又可以丰富水体空间。

植物与水的配置一要注意色彩构图。植物倒影可极大地丰富水的色彩，应以淡绿的水色为底色，以植物倒影的各种绿色与之调配，形成层次丰富的绿色基调，再点缀明艳的秋叶植物或开花植物，形成优雅而又明快的景色。二要注意植物与水体的尺度关系和线型对比，使其整体协调。水岸的植物配置应疏密有致，大面积栽植时应预留出透景线，以便于观赏水域景观。姿态优美的树木往往可以作借景之物，探向水边的枝干可增加水面的空间层次并富有野趣。水边植物的选择应以耐水、耐湿植物为主，如垂柳、水杉、海棠等。

4. 植物与山石的配置

花木与山石均为天然之物，但各自秉性不同。植物岁岁枯荣变换，显示出自然生命的活力，山石虽无生命却能见证大自然的悠久历史，因而花木与山石的配置最具自然品质，最易于渲染自然的氛围，最易于营造宛若天成的自然景观。花木之柔与山石之坚，花木之清新与山石之古拙，使两者的搭配更有情趣。植物与山石的配合可以弥补其空间布局之不足，可以作为过渡空间，也可以屏蔽山石的欠缺部位，从而完善石景的画面。植物可以作为山石的背景，不仅能衬托山石的优美形态，还有助于丰富空间层次。景石旁的植物一般以乔木和藤本植物为主。

（三）种植形式

园林花木种植指园林设计中植物栽种的选择与搭配。植物是园林构成的基本要素之一，植物种植、搭配、设计得当，可突出园林特色，丰富空间层次，完善园林功能。中国古典园林的花木种植以自然式为主，模拟山野丛林，追求“宛自天成”的植物群落形态。一般而言，中国古典园林园林的花木种植有孤植、对植、丛植和群植等手法。

1. 孤植

在较空旷的环境中单独栽一株形态优美的乔木或灌木，称作孤植。孤植树在园林构图中可作为主景，也可作为配景或补景。孤植有时用于衬托建筑物或山石，也可用作树群、树丛间的过渡。孤植以个体的独特魅力打动人，故应选择体形大、姿态优美、生长茂盛、成荫效果好的树种。

2. 对植

两株或两丛相同的树按轴线对称种植或均衡种植的形式为对植。对植不仅有装饰和庇荫的作用，还有很强的空间暗示性，常用于建筑、路径和其他场地的出入口或路径两侧。在园林构图上，对植很少作主景，往往是配景或夹景。自然均衡式对植的树的大小不一，距中轴线的距离也不相等，大树近、小树远，树形既有变化，又因呼应而不失整体感，易于形成自然生动的景观效果。

3. 丛植

二至九株乔木、灌木成丛地栽植称作丛植。成丛树木的平面布局最忌呆板的等距几何排列。三株树的种植不可排在一条直线上，也不可排成等边三角形，一般以不等边三角形排列为佳；多株树的种植不可呈正多边形，每三棵树均以不等边形排列并连续种植。丛植在立面效果上，讲求两株一丛者必须一高一低，一俯一仰，一曲一直，一向左一向右，一平头一尖头，应既有共相亦有疏相。总之，丛植既要有整体性又要避呆板、求变化。丛植的树既可作为园林构图的主景，也可作为庇荫树、屏障树或配景树。处于单纯背景之前或重要空间位置的丛植树，应特别注意选择树形美观、枝叶繁茂、生长旺盛的树种，并注意树丛整体造型的统一与变化。

4. 群植

二三十株以上的树木组成树群的种植形式称作群植。群植既可选用同种花木，也可采取多种花木间种的方法，以适应园林的不同景致要求。群植树的平面布局一般忌成行、成排和等距的呆板排列。在立面构图上，群植物林冠线与林缘线应错落有致，富于韵律、节奏与空间层次感。坛庙等较庄严的空间多用等距成行的排列方式。群植花木可与山石、水景和建筑等配合，营造出各种园林景致。群植在园林构图中可用于主景、障景、引景或夹景。群植树种的选择应注意阴阳、季相、色泽和树形等因素，遵循生态学规律与植物的生物特性，以合理配置栽种。

第二节　中国古典园林的造景手法

一、借景手法

古典园林的空间一般都是比较狭小的，有时候设计太多的风景反而会使空间更为狭小，令人感到压抑，而借景则可以巧妙地弥补这一缺陷，并使风景层次更为丰富。所谓借景就是将本来不属于园内的风景通过叠合、引入等方式，组合到园内，从而弥补古典园林空间的不足，使园林通过引入其他风景而变得更富魅力。如颐和园内的昆明湖远借西山、玉泉山，拙政园远借北寺塔等[①]。

（一）借景的方法

在中国古典园林的设计中，借景手法通常通过三种方式来实现——开辟赏景透视线、提升景点高度、借虚景。

1. 开辟赏景透视线

在景物观赏过程中，会有一些障碍物阻挡人们赏景的视线，如树木的枝叶，因此，在借景方法中，人们首先要做的是去除赏景的阻碍物，修剪树木枝叶，在园中建轩、榭、亭、台等作为视景点，使人能够仰视或平视景物。

① 马菁．虽由人作，宛自天开——中国古典园林艺术及其设计发展[M]．北京：中国纺织出版社．2017：192-209.

2. 提升视景点的高度

人们观赏园林会受到园林界限的限制，看到的仅是园内的一些景物，而提升视景点的高度，则可以使人们感受到俯视或者平视远景的效果。如此一来，观赏者便可以观赏到更多的风景。园林内的假山、池筑、亭台楼榭都尽入眼帘。

3. 借虚景

所谓虚景，就是天象或者声音之类的景色。如可以借助傍晚的晚霞，借助深夜的弯月或圆月，借助雨后的彩虹，借助日出日落、春风、冬雪等景象，使得园林具有更为别致之美[①]。而声音也可以作为虚景的一种，丰富园林内的实景，如鸟唱蝉鸣可以增添园林内部的幽静与恬然。

（二）借景的内容

1. 借山、水、动物、植物、建筑等景物

这类借景内容包括远岫屏列、平湖翻银、水村山郭、晴岚塔影、飞阁流丹、楼出霄汉、长桥卧波、田畴纵横、竹树参差、鸡犬桑麻、雁阵鹭行、丹枫如醉、繁花烂漫、绿草如茵等。

2. 借人为景物

这类借景内容包括寻芳水滨、踏青原上、吟诗松荫、弹琴竹里、远浦归帆、渔舟唱晚、古寺钟声、梵音诵唱、酒旗高飘、社日箫鼓。

二、主配手法

景无论大小均有主景与配景之分，俗话说“牡丹虽好，还需绿叶扶持”。就整个园林而言，主景是构图的中心，是全园的重点或核心。主景往往体现园林的功能与主题，是园林主体所在，是全园视线的控制焦点，具有压倒群芳的气势，在艺术上富有感染力。园林的主景，根据其所处园林空间范围的不同，可分为两种，一种是全园的主景，一种是局部空间的主景。主景和配景的关系有时又是相对的，如全园的主景的配景有可能是某个分割开来的局部空间的主景。但是，在一个区域内只能有一个主题。

① 韩舒．“构园无格，借景有因”——中国园林艺术中的借景艺术 [J]. 现代物业（中旬刊），2020（3）：178-179.

以颐和园为例，前者全园的主景是佛香阁、排云殿等一组建筑；局部空间的主景包括谐趣园的涵远堂。配景对主景起衬托作用，可使主景更突出，像绿叶扶红花一样。配景的存在可明显地突出主景的艺术效果。

三、对景与分景

在园林景观设计中，为了满足不同性质园林的功能要求，丰富园林景观内容，园林中常利用各种景观材料如山石、树木、建筑等来进行空间组织，使各种空间的景物相互呼应。对景和分景就是中国古典园林造景中两种常用的手法。

（一）对景

位于园林轴线或风景线端点的景物称为对景，所谓“对”，就是相对之意。与借景只“借”不“对”不同，对景可以使两个景物相互观望，在园林中起到丰富园林景色的效果，一般选择园内透视画面最精彩的位置作为观赏点，同时作为供游人休息、观赏的场所。对景有正对景和互对景，正对景多在规则式园林中使用，是在轴线端点或对称轴的两侧设景，具有较为严肃、气魄宏伟的艺术效果；而互对景多用在自然式的园林中，具柔和的自然美。

古典园林中的对景讲究自然之法，因此多采用互对景的造景手法，如苏州留园中的宜两亭。现代园林中常用的对景为正对景，一般讲究轴线对称，景物恰好在观赏者所处轴线的正中。

（二）分景

中国古典园林以深邃含蓄、曲折多变，讲究布局和层次而闻名遐迩。园林空间多，忌“一览无余”，同时要处处有景，步移景异。中国古典园林营建以能在有限的空间创造无限的风景为佳，所谓“景愈藏，意境愈大。景愈漏，意境愈小”。以此为目的，中国古典园林多采用分景的手法分割空间，使园中有园，景中有景，湖中有湖，岛中有岛，园景虚虚实实，实中有虚，虚中有实，半虚半实，空间变化多样，景色丰富多彩。分景按其划分空间的作用和景观艺术效果的不同，可分为障景与隔景。

1. 障景

在园林绿地中，凡是起到抑制视线，引导空间作用的屏障景物即叫障景。障景一般采用突然逼近的手法，使游人视线较快受到抑制，有“山重水复疑无路”的感觉。游人必须改变空间游览方向，而后达到“柳暗花明又一村”的境界，即所谓“欲扬先抑，欲露先藏”的技法。障景还能隐藏不美观或不宜暴露的景观空间，而本身又自成一景。

障景务求高于视线，起遮挡视线的作用，否则无障可言。我国古典园林中，障景常用植物、山、石、建筑（构筑物）等，多数用于园林入口处，或是景观序列的结尾处，或是园林空间的交叉及转弯处，使游人的视线在不经意间被阻挡和引导到其他方向。现代园林中的障景常用假山、屏风、影壁、植物组景、雕塑、竹林等作为屏障，讲究景观的艺术美，但缺少了古典园林的意境美。

2. 隔景

隔景就是将园林绿地分隔为不同景点、不同景区的空间艺术处理手法。隔景与障景不同，它不是隔断部分视线或改变游人的游览路线，而是组成各种封闭的或半封闭的、可以连通的园林空间。隔景的方法很多，如实隔、虚隔、虚实相隔等。实隔使游人的视线无法从一个空间穿透到另一个空间。中国古典园林常以建筑、实墙、山丘、山石、密林等来分隔空间，形成实隔。虚隔时，游人视线可以从一个空间看到另一个空间。中国古典园林常常借助水面、漏窗、通廊、花架、疏林等形成虚隔。虚实相隔则是游人视线可以断断续续地从一个空间看到另一个空间，如以水堤曲桥、漏窗墙、岛等形成虚实隔。中国古典园林多种隔景手法的运用，深化了景观层次，丰富了园林景观。同时，园景构图多变，景观虚虚实实、深远莫测，从而创造出“小中见大”的景观空间效果。

隔景手法在现代园林景观设计中几乎随处可见。如公路分车带中的树木花卉，既起到了交通引导的作用，同时具有分隔空间和视线、引导人流朝向的作用。城市居住区、市政建筑等围墙景观的处理，将内外空间分隔成相对独立的空间，既有实隔，又有虚隔。

四、前景手法

（一）框景

凡利用门框、山洞、窗框、树框等把景观围合起来，有选择地摄取另一空间的优美景观，使其如一幅嵌于镜框中的立体风景画，即可称为框景。框景使游人产生错觉，把现实中的山水美景或人文景观误认为是画在图纸上的图画，把园林的自然美、绘画美与建筑美高度统一，高度提炼，加强了风景艺术的效果。如苏州拙政园内园里的扇亭，坐在亭内向东北方向的门框外望去，拜文揖沈之斋和水廊在园内树木的掩映之下，犹如一幅美丽的画卷。苏州狮子林花篮厅的北边院子有一面墙，其上有一个月洞门，而门两边的庭院互为框景，意趣无穷。

（二）夹景

为了突出优美景色，建造者常以树丛、树列、土山或人文的建筑（如塔、桥等）对左右两侧的景观加以屏障，形成较封闭的狭长空间，并有审美价值，这种构景手法即为夹景。夹景是运用透视线、轴线突出对景的方法之一，可以起到障丑显美的作用，增加园景的深远感，也是引导游人注意力的有效方法。如在北京颐和园后山的苏州河船，远方的苏州桥主景，为两岸起伏的土山和美丽的林带所夹峙，构成了明媚动人的景色。夹景还能使人们视线集中在透视中心，突出中心景观的效果，犹如框景。

（三）漏景

漏景由框景发展而来，景色若隐若现，给人以“犹抱琵琶半遮面”的感觉，是空间渗透的一种主要方法。漏景在中国传统园林中十分常见。漏景不只是漏窗，还有漏花墙、漏屏风等。漏窗或雕以带有民族风格、有地方特色的各种几何图形，或雕以民间喜闻乐见的梧桐、梅花、常春藤、竹子等植物图形，或雕以马、狮子、鹿、鹤等动物图形。透过漏窗的空隙，人们可以看见园外或院外的优美景色。同时，除了建筑装饰装修构件外，疏林树干也是漏景的好材料，但植物色彩不宜太鲜艳华丽，树干宜空透，排列宜与景并列，同时所对景物要色彩鲜艳，以亮度较大为宜。

（四）添景

当风景点与远方自然景观或人文景观之间没有其他景观过渡时，就显得虚空而没有层次。为求主景或对景有丰富的层次感，加强远景的“景深”，园林建造者常作添景处理。其中间的乔木或近处的廊架便叫作添景。添景可以是建筑的一角、建筑小品，也可以是树木花卉等。用树木作添景时，树木体形宜高大，姿态宜优美，如在湖边看远景，几丝垂柳枝条作为近景的装饰就很生动。例如，当人们站在北京颐和园昆明湖南岸的垂柳下观赏万寿山远景时，万寿山因为有倒挂的柳丝作为装饰就变得生动起来。

五、点景手法

园林点景就是园林建造者对园林中每一景观的特点及空间环境的景色，结合文化艺术的要求，进行高度概括，点出景色的精华及景色的境界，使游人有深刻感受的词或语。各种园林题咏的是园林造景不可缺少的重要组成部分，它也是绘画、书法、雕刻、诗词、建筑艺术等的高度综合。《红楼梦》“大观园试才题对额”一回中，描写大观园建成后，贾政观赏后评价说：“若干景致，若干亭榭，无字标题，任是花柳山水，也断不能生色。”这里的“无字标题”实际上就是指缺少园林点景，可见题字点景在园林中的特殊作用。

看景的表现形式是多种多样的，它可以是匾额、楹联，也可以是石碑、石刻等。楹联和匾额常结合在一起布置。楹联讲究平仄押韵，对仗工整，匾额则字数灵活多变，或三字，或四字不等。园林景观丰富多彩，园林点景的内容也多种多样。无论什么景象，都可以给予题名、题咏。

匾额、楹联、诗文、碑刻等用墨不多，却对风景起到了深化主题的点景作用，不但丰富了欣赏内容，使风景富有内涵与意蕴，给人以艺术联想，而且有宣传装饰和导游的作用。如苏州的沧浪亭，楹联“清风明月本无价，近水远山皆有情”点出了园林的生机与活力。

第三节　中国古典园林的领悟与鉴赏

一、中国古典园林的领悟

（一）自然

“天地有大美而不言”“仁者乐山，智者乐水”。从先秦起，这种崇尚自然的思想沿袭千年，成为封建士大夫的精神寄托。中国的古典园林艺术从一开始就同自然紧密地联系在一起。中国古典园林崇尚自然、追求自然、表现自然。古代文人、士大夫从云日辉映、池旷春草、园柳鸣禽等景观中感悟到一种理性的美，并从中体验出自我与自然融为一体的和谐境界，达到一种心理上的愉悦。“自然”的园林生活使人在对自然景物的观照和体验中，身心得到不同程度的净化。

中国古典园林崇尚自然之美，模拟自然之形，创造自然之意，达到“虽由人作、宛自天开”的境界。园林在规划设计时，充分利用原有的自然条件，保持天然的真趣、真意。从选址定位、相地布局到景观配置、尺度比例，建造者都注重因地制宜，顺应自然。园内景物，树无行序，石无定位，山有峰回路转之势，水呈迂回萦绕之态，建筑物也随地形而高低起伏，参差错落。这种灵活多变、不求齐一的布局充分显示出中国古典园林浑然天成的气韵。中国古典园林是艺术家把自己对大自然的感受，通过山、水、植物、建筑等媒介，艺术地再现出来，尤其值得一提的是园林中的建筑。建筑作为人工建造物，如何与山水地形取得协调，顺应自然就显得格外重要。中国古典园林中建筑的体量与自然景观相比一般较小，只起到从属的点缀景物的作用。中国古典园林建筑以厅、堂、楼、阁、轩、榭、亭、廊等形式穿插于山水风景之间，使自然景观增色。建筑造型的轮廓线条、色彩也与自然风貌相协调。建筑空间与自然空间尽量打成一片，在面对自然景观的墙面上，多以空廊、敞轩、透窗的方式，打破自然景观与建筑空间的界限，尽可能使二者融为一体，从而把外部的自然景观引入室内。

“一峰则太华千寻，一勺则江湖万里。”一湾溪水，可以使人获得置身乡村的感觉，几丛峰石，可以让人有身临深山濠濮的感觉。中国古典园林设计讲究因借，讲究从高就下，讲究顺应地势，讲究不留斧凿之痕。与造园相似，园林鉴赏实际上也是一种对自然界高度提炼和艺术概括的再创造。

（二）幽雅

“曲径通幽处，禅房花木深。”中国古典园林多追求这种“幽”“深”的境界。古代文人造园多是为了逃避俗事，修身养性，需要在园林中营造幽静的环境。“曲径通幽”成为古代造园中常用的技法。通过曲折的路径，人们从嘈杂的环境进入幽静之处。许多园林的入口处还很明白地设有写着“曲径通幽”“通幽”“幽径”的匾额。

许多中国古典园林中的私家园林是文人所建造的，他们有文化、有艺术修养，主张“不俗”，即“雅”。雅，有某种文化修养的含义，也有某种超功利的含义。中国古典园林中往往把建造对象人格化，赋予一定的精神内涵，由此来体现“雅”。如竹子，文人爱它，因为它是空心的，象征虚心好学。它还有节，又象征有节操。把竹拟人化，就增添了“雅气”。在苏州拙政园的扇亭中，抬头见一匾，上写“与谁同坐轩”五字。与谁同坐？文人雅士回答“明月、清风、我”，这就是所谓的“雅趣”。

（三）含蓄

中国古典园林营建讲究含蓄、曲折、变化，反对直白、单调、一览无余，景物大都藏而不露、隐而不现。中国古典园林中，到处可见欲露先藏的造园手法。如苏州拙政园一进大门，便横着一座假山，借以挡住游者的视线，不使全园景色被一览无余。上海豫园翠秀堂东南复廊处的水溪，逶迤曲折，绕过叠石，穿入花间，悄然远去，有着深远的意境。此外，园林中的道路、山径也常是断断续续、弯弯曲曲的，这一切都是为了能产生含蓄之意。

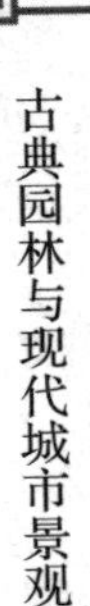

中国的造园家们善于含蓄地表现景物，通过对人工与自然、大与小、真与假、虚与实、露与隐等一系列对立统一体的刻意安排和取舍加工，高度概括地再现典型的自然山水。

二、中国古典园林的鉴赏

中国古典园林作为中国传统艺术的一部分，深受中国传统文化的滋养和影响，“虽由人作，而宛自天开”是其最高也是基本的审美原则。中国古典园林以自然为蓝本，将花木、山水以及中国传统的建筑、书法、诗词、绘画、雕塑等元素有机地融合在一起，在有限的空间内，创造出丰富而有层次的、有含蓄韵致的诗意栖居之所。与西方造园体系常以“人”为中心，以体现征服自然为前提，通过人为的干预，使自然打上“人”的烙印，处处折射出人的力量的不同。中国古典园林，追求人与自然的和谐，注重景与情的交融，追求在有限中体现无限的“意境”，以小见大、虚实相生。

（一）局部鉴赏

中国古典园林常被称为“写意园林”，而“写意”原本是中国古代的一种绘画技法，即略去“工笔”用墨线勾勒物象轮廓，再填充色彩的过程，直接用毛笔一笔“写”出物象的整个形象。“写意”体现在中国古典园林艺术中，就是在园林艺术中恰当地布置那些虽体量有限，占用材料较少，却又具有象征、暗喻意义，能够触发人们想象的景观，以它们为媒介，引领欣赏者突破眼前景观的时空限制，将审美意向升华到一个层次更高、文化和艺术内涵更深广的境界。这种有着深厚韵致的园林意境，往往是通过局部景观的“写意”手法来获得的，因此，对园林局部景观的鉴赏就显得不可或缺。

例如，苏州拙政园的“与谁同坐轩”据说是为了纪念祖先制扇起家的历史，特斥资修建的扇形轩。此轩为拙政园重要景点之一，倚山临水而建，屋面、轩门、窗洞、石桌、石凳及轩顶、灯罩、墙上匾额、半栏均成扇面状，故又称作“扇亭”。其中又以“与谁同坐”之题额最为闻名且耐人寻味，赋予了小轩别具一格的文化和精神魅力。该题额取意自宋代苏轼《点绛唇·闲倚胡床》词："闲倚胡床，庾公楼外峰千朵，与谁同坐？明月清风我。别乘一来，有唱应须和。还知么，自从添个，风月平分破。"置身轩中，与谁同坐？明月、清风、我，这不禁使欣赏者顿生与明月清风共舞，与自然山水相伴之超脱境界，辅之漏窗两侧楹联"江山如有待，花柳更无私"，一幅质朴而有生机的自然图画跃然于白墙之上。但这又不局限于有限的自然景象之内，而是赋予整个景观以文化品格，与中国传统"天人合一"相契合。在《造园》一书中，此类写意手法调用的空间和物质材料都非常有限，但却创造出丰富而深远的文化和美学境界。

再如，苏州留园"揖峰轩"，我们从此轩的名字可模糊感受到园居者对于自然山石的尊崇。中国古代造园手法之一就是以品貌特异的山石体现一种崇高的生命状态和人格精神。"揖峰轩"就赋予小院中的山石花木以人格意义。

通过以上对于园林局部景观的鉴赏，我们可以看出，中国古代造园家对园林局部景观的精心设计和更高审美境界的追求在整个园林中所起的点睛作用。园林的精神气质和文化内涵凸显出来①。

（二）场景鉴赏

场景，作为一个电影词汇，指戏剧、电影等艺术作品中的场面，而在生活中，则指那些特定的情景，所以，场景是一个时空场域。在当时的时空状态下，场景又是一个动态的演绎过程，而人总是在场内或场外，直接或间接地介入其中，换言之，场景只有相对于人才有意义，才在真正意义上存在。在园林中，场景无处不在，却又往往需要依靠审美主体的联想或想象去发现和创造。如卞之琳的《断章》："你站在桥上看风景，看风景的人在楼上看你，明月装饰了你的窗子，你装饰了别人的梦。"诗歌开拓的审美空间仿佛是一幅画，从两个角度去看，会展现出两个画面，"站在桥上看风景的你""楼上看风景的人"，"你"既是主体，也是客体。中国古典园林中，类似此种效果的场景较多，尤以"雨境"为最佳。

雨境是中国古典园林造景、造境的重要手段之一，所谓园林何处无烟雨。在园林中便有较多关于雨境的景致，如：

① 李帆．中国古典园林设计艺术鉴赏[J]. 四川建材，2007（3）：104-106.

卧石听涛，满衫松色开门看雨，一片芭蕉

——苏州耦远城曲草堂对联

博雅腾声数杰，烟波浩渺，浴鹤晴晖，三万顷湖裁一角

艺圃蜚誉全吴，霁雨空蒙，乳鱼朝爽，七十二峰剪片山

——苏州艺圃博雅堂对联之一

要真正体味园林雨境之美，须从两个方面着手。

一是观其姿。近观或远望皆宜。细雨垂杨、疏雨戏鱼、斜雨落花、骤雨垂帘……雨，使风景中的平常物体有了动静之韵、虚实之韵、曲直之韵、藏露之韵，与人的情趣融合在一起，构成一个美妙的境界。

二是闻其声。如明代诗人李东阳《听雨亭记》所述："尤爱雨，雨至众叶交错有声，浪浪然，徐疾疏密，若中节会。静观子闲居独坐，或酒醒梦觉，凭几而听之，其心冥然以思，萧然以游，若居舟中，若临水涯，不知天壤间尘鞅之累为何物也"！

拙政园的"听雨轩"和"留听阁"便取自雨境之声响。听雨轩是一个四面开窗的建筑，为相对独立的院落，前后种植芭蕉，轩前一小池。每逢雨天，"芭蕉得雨便欣然，终夜作声清更妍"。聆听雨打芭蕉，乃园林之一典型胜境。留听阁为体型轻巧的单层阁建筑，亦是四面开窗，以便于观景。阁东有一水池，盛夏时，池塘开满荷花，骤雨来袭，拍打在静静地躺着的荷叶和花之上，动静相宜。

欣赏雨境，贵在审美主体之想象、联想和情感，然后方能体味其中的诗情画意。

（三）整体回味

园林的鉴赏，既需要审美主体置身其中的欣赏和感受，又需要有适当的审美距离的整体把握，否则难免产生"不识庐山真面目，只缘身在此山中"之感。陈望道先生曾说："园林的灵魂，具有音乐的意味却又超越音乐。"这种境界被称为中国古典园林的"化境"。而要有这种类似于音乐的"余音绕梁，三日不绝"之审美韵味，就需要审美主体进行整体的回味。这里主要从园林整体空间结构和园林中的虚与实两个方面进行把握。

如明代李渔的半亩园以朱熹的“半亩方塘一鉴开，天光云影共徘徊”为意境。中国江南的私家园林，体虽小，却有山、有水、有花、有树、有建筑，空间大小、明暗、开合、高低等的对比富于节奏和层次。整个园子迂回曲折，深邃幽远。例如，游人入苏州留园要先经过一段狭窄的曲廊，过小院，视野收缩后再到达古木交柯一带，视野略为扩大；南面以小院采光，布置小景两三处，透过漏窗隐约可见山池亭阁；在通过此段小空间的“序幕”之后，绕至绿荫，豁然开朗。整个留园的空间序列安排抑扬顿挫、参差错落、曲折多变，宛如一首乐曲一般，从前奏、高潮到尾声，依次展开，收放自如。这便是园林与绘画等静态造型艺术的不同之处，园林的空间美就体现在观赏者动态的游赏过程之中，观赏者的视角始终是移动的，所以才有“移步换景”之说法。正是因为眼前景致在不断的位移和变化中所呈现出来的不间断性和无穷更新的美感，才使园林充满了“可游可赏”之趣。

同时，中国古典园林的意境空间与中国古典哲学中关于虚实、有无的空间意识紧密联系在一起。“虚”景与“实”景关系的处理，如同中国书法与绘画中的“留白”一般，直接影响着园林意境美的表达。如对分割空间起到重要作用的山石花木本无定型，被分隔的空间也是相互延伸、渗透，即使遮挡视线，起到障景作用，同时也使景观藏而不露、含蓄幽远，使有限空间能有无限之感。

此种感受类似于人们站在颐和园的昆明湖畔，看暮色中“借来”的西山景色而在内心所产生的崇高感。在落日余晖的映衬之下，玉泉山的宝塔显得朦胧而沉静。而在夕阳映照下，楚楚动人的“西堤六桥”完全隐没在一片苍茫之中。夕阳下的湖面没有了白日里的喧嚣和嘈杂，显得格外含蓄隽永。置身于这样的园景之中，相信每一个有心的观赏者，都能暂时忘却所处的眼前具体之景，而不自主地对个体生命在茫茫时空长河的位置，对人类生命与无尽的宇宙等终极性的问题，有一些哲学性的思考。

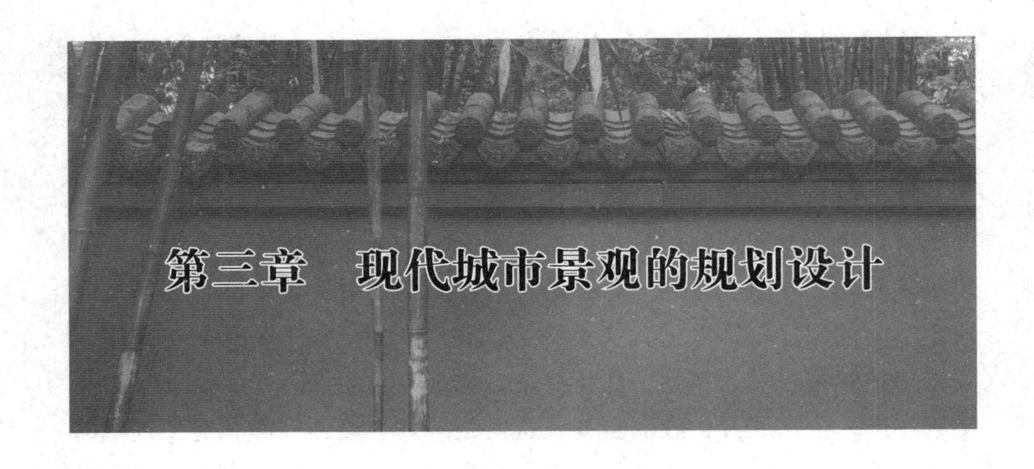

第三章　现代城市景观的规划设计

第一节　城市景观规划的设计原则

自古以来，中国人就强调“天、地、人、神”和谐的理念，这也是中国古典园林景观规划设计的基本理念。这个理念要求我们的设计应尊重自然（天、地）、尊重人、尊重神（即精神，如历史、文化、宗教等）。这个理念具体化，就形成了景观规划设计的一般原则。

一、城市景观规划设计的整体性原则

城市景观规划设计的整体性原则就是要求从整体上确立景观的主题与特色，这是城市景观规划设计的重要前提。缺乏整体性设计的景观，也就变成毫无意义的零乱堆砌。

城市景观规划设计的整体性是指城市景观规划设计的内在和外在特征。它来自对当地的气候、环境等自然条件及历史、文化、艺术等人文条件的尊重与发掘。这不是设计者主观臆想的，而是通过对景观设计功能、规律的综合分析，以及对自然、人文条件的系统研究，在对现代生产技术的科学把握基础上，进行提炼、升华，创造出来的与人们活动紧密相关的景观特征。

城市景观规划设计的整体性首先应立足于自己的一方水土，尊重地域与气候等自然因素，尊重民风乡俗等。景观设计的主题与总体景观定位是

一体化的，正是其确立的整体性原则决定了环境景观的特色，并有效地保证了景观的自然属性和真实性。这些都是景观设计的出发点，是站在整体性的高度，为解决设计中出现的问题而进行的综合性的考虑和处理。

二、城市景观规划设计的前瞻性原则

城市景观规划设计应有适当的前瞻性。所谓设计的前瞻性，有三个层面的意思：①设计要符合自然规律的内在要求，并经得起时间的考验和历史的验证。这就要求我们在设计中，尊重自然，尊重社会，尊重科学，找出它们各自的内在规律，并运用到设计中去。城市景观规划设计要使自然界的各种物质共生共存，和谐相处，形成一个良好的循环，要使人与自然相互依存、相互促进，和谐相处。②设计要跟得上科学技术的进步步伐，力求在美学追求和形式表现上，确保证城市景观规划设计在未来的发展中不会落后。③设计要处理好内部道路与外部路网的衔接关系，采用新技术、新手段，贯彻环保、节能、资源综合利用的理念，给后人留有发展空间。

三、城市景观规划设计的生态性原则

城市景观规划设计要充分体现自然的美，充分保留居住区地块、植物、文化的原生态性，避免过分雕琢。回归自然、亲近自然是人的本性，是城市景观规划设计发展的基本方向。

城市景观设计的第一步就是要考虑到当地的生态环境特点，对原有的土地、植被、河流等要素进行保护和利用；第二步就是要进行自然的再创造，即在充分尊重自然生态系统的前提下，发挥主观能动性，合理规划人工景观。在任何景观环境中，每一种景观都应符合生态性原则，特别是要重视现代科学技术与自然资源的结合，寻求适应自然生态环境的景观表现形式，构建整体有序、协调共生的良性生态系统，为当地人们的生存和发展提供适宜的环境。美国著名的景观建筑师西蒙兹认为，应把青山、峡谷、阳光、水、植物和空气带进集中计划领域，细心而有系统地把建筑置于群山之间、河谷之畔，纳于风景之中。符合生态性原则的环境景观能够唤起人们美好的感情。

四、城市景观规划设计的人文原则

设计好的景观环境离不开所在地区的文化环境，人文景观是其所处环境的一个组成部分，对创造良好景观环境有着重要的作用。同时，良好的景观本身又反映了一定的文化背景和审美趋向，离开文化与美学去谈景观，也就降低了景观的品位和格调。在人们的生活中，审美是建立在传统的文化体验基础上。文化体验的核心就是“传统”。景观设计的人文特色就是在解析传统因素之后，将之上升到一个新的高度去阐释和建构的。重视城市景观规划设计的人文原则正是从精神文化的角度去把握景观的内涵特征。环境景观演绎了自然环境、建筑风格、社会风尚、文化心理、审美情趣、民俗传统等要素，能够给人以直观的精神享受。

景观环境的文化特征通过空间和空间界面表达出来，并通过其象征性体现出文化的内涵。保持文化脉络，不能只在浅层的装饰层面去提取符号，而应在空间组织、意义和象征的层面上进行更多的探索。地区景观特色，是当地特有的人文、地理、民俗特色，是区别于其他地方环境特色的根本，也是各个民族各具特色的精神所在。对于地方文化、地方精神，我们要给予足够的保护，要做到开发和保护并重。现代化并不意味着破坏自然、破坏生态环境，而是人与自然、人与文化、人与社会的和谐统一。

五、城市景观规划设计的可持续发展原则

景观设计要追求可持续发展，即人与自然环境协调发展。发展必须以保护自然和环境为基础，在快速发展的同时，使经济发展和资源保护的关系始终处于平衡或协调状态。自然景观和传统景观均是不可再生的资源。在景观设计中，我们要合理地保护与利用自然景观资源和传统景观资源，创造出既有自然特征、历史延续性，又具有现代性的公共环境景观。善待自然与环境，规范人类资源开发行为，减少对生态环境的破坏和干扰，实现景观资源的可持续利用，是景观规划设计的一项主要任务和重要原则。当地的可再生资源的合理科学的利用、高效的使用是可

持续发展的一个具体表现。例如，在四川汶川地震后的灾后重建当中，羌族人民就将地震产生的石头和石板作为重建房屋地基的材料，还使用了一些地震破坏的山林木材，既体现了羌族建筑的特色，而且把这样的建筑形式在整个羌族灾区推广使用，逐步形成具有地域性的建筑风格和特色。整个自然界的资源是有限的，资源的可持续利用与发展是城市景观规划设计必须要考虑的现实问题。

六、城市景观规划设计以人为本的原则

以人为本是管理学中的一个概念，引申到城市景观规划设计中，有特定的含义：即我们的设计应该营造出高品质的、适宜于人的景观空间，体现出对人的尊敬，使人能够融入我们设计的每一个空间。每个人都能进入这样的空间，能聆听大自然的歌唱，观赏美丽的风景，全方位地感受大自然的气息。在设计中强调人的参与是对人最大的尊重。城市景观规划设计要全面地贯彻以人为本的原则，要设计一些适合男女老幼参与的人文景观，用地以内的所有设施将符合国际通行的无障碍设计标准，室外要避免过多的高差。同时，设计也要从管理者的角度出发，尽量做到为管理者提供便利和帮助。以人为本并不等于藐视自然，更不能“天人相残”“天人相抗”，而应该是人与自然相互尊重，共生共存，“天人调和”。

以人为本的原则在环境景观中应体现为：景观不应只有单纯的观赏价值和生态价值，而应形成有序的空间层次、多样的交往空间，使人与自然高度接触。人们的生活活动一般分为个人性活动和社会性活动、必要性活动和自发性活动。社会性活动和自发性活动是外部环境景观设计所期望达到的景观文明目标的重要内容。自发性活动只有在适宜的空间环境中才会发生，而社会性活动则需要有一个相应的人群能够适宜地进行活动的空间环境，这样的适宜的空间环境即场所。除了形式、比例、尺度等设计因素外，我们首先要考虑的是与这种活动相关的适宜的空间层次的构筑。如在半私密空间中的幼儿和儿童游戏活动，邻居间的交往活动；在半公共空间中的老年人健身、休闲活动，邻里交往、散步，青少年的体育活动；在公共空间中的人们交往、购物、散步、休闲活动等。各类户外活动场地应与居住区的步行和绿地系统紧密联系，其位置和道

路应具有良好的通达性，不应成为停车场地或无人问津之地。幼儿和儿童活动场地应接近住宅并易于监护；青少年活动场地应避免对居民正常生活的影响，但也不能偏僻；老年人活动场地宜相对集中，远离车行道等。

以人为本还应考虑到外部空间的空气环境、声环境、光环境、水环境等环境问题，应通过景观的穿插、围合、引进、剔除，以及生态技术等的运用，尽量消除或减轻上述环境的污染问题。如为了隔绝汽车噪声，以及汽车对小区住户日常出入的干扰，可以通过人车分行，在车行道两旁种植绿化带；也可以让小区汽车直接停放在小区周边，而不是进入小区内部，小区内部步行化。上述环境问题是我们在城市景观规划设计中必须要考虑的。

第二节　城市景观规划的设计类型

现代园林景观设计仍然应尊重自然，尊重历史，尊重文化，不能违背自然，违背人的行为方式。我们在进行园林景观设计时，既要继承古代造园思想，又要考虑现代人的生活行为方式，运用现代造园素材，建设具有鲜明的时代特性的现代园林。

一、城市公园

（一）城市公园的形成与发展

1. 基本概念

城市公园一般是指位于城市范围之内，经专门规划建设的绿地，供居民观赏、休息、保健和娱乐等，并起到美化城市景观面貌、改善城市环境质量、提高城市防灾减灾能力等作用。

按 2019 年实施的《城市绿地分类标准》，公园绿地的定义为：向公众开放、以游憩为主要功能，兼具生态、景观、文教和应急避难等功能，有一定游憩和服务设施的绿地。

《中国大百科全书·建筑园林城市规划》对公园的定义是：城市公共

绿地的一种类型，由政府或公共团体建设经营，供公众游憩、观赏、娱乐等的园林。

2. 西方城市公园的发展

最初的西方传统园林主要为少数统治阶级和私人服务，很少有对大众开放的公共园林。所以，尽管造园已有几千年历史，但公园的出现却只是近一两百年的事。1843 年，英国利物浦建造的公众可免费使用的伯肯海德公园，是第一个真正意义上的城市公园。

现代意义上的景观设计以一系列城市公园为开端。“美国景观设计之父”的弗雷德里克·劳·奥姆斯特德（1822—1903）等西方现代城市景观规划设计先驱们怀着服务社会的理想，规划和建设了许多城市公园系统。如纽约的中央公园、旧金山的金门公园等。城市公园是被称为“景观建筑师”的设计原则的主要产物之一。有人甚至认为，“景观建筑师”这个头衔是奥姆斯特德和卡尔弗特·鲍耶·沃克斯 (1824—1895) 在设计纽约中央公园时第一次使用的。城市公园开始作为民主社会普通人生活的一部分来到公众的生活中。

城市公园是现代城市化的产物，公园的形式、功能与城市的景观及城市生活都密切相关。随着城市化进程的不断加快，大量的高楼大厦挡住了远处的自然风光甚至天空，城市公园就起到了调节城市环境的作用。城市公园不仅在形式上要与城市的风格相协调，而且要满足市民对公园的各种功能的需求。城市公园需要建构一个完整的、分布均衡的、灵活自由的室外开放空间系统，它可以给不同年龄、不同性别的城市居民提供丰富多样的休闲娱乐活动。如果说西方的传统园林强调的是装饰性的正统的空间，园林经常被当作建筑的背景，而不是满足人们对可用的室外开放空间的真正需求，那么，今天的城市公园设计则强调空间的多用性，倾向用各种造园要素塑造不同的空间形式，以满足人们各种视觉和功能上的需求。

3. 中国城市公园的发展

1840 年，帝国主义入侵，此后，他们在上海等城市设立租界。侵略者为了满足自己游憩活动的需要，将欧洲的“公园”引入上海。当时公园的风格是英国风景式和法国规则式的，有草坪、花坛和修剪的树木，极少有建筑。1949 年前，我国城市公园面积小、数量少，发展缓慢，公园的景观设计基本处于模仿阶段。

中国古典园林包括皇家园林及江南文人园林等，私人所有，均不是现代意义上的公园。中华人民共和国成立以后，园林开始逐渐对外，让一般民众也能欣赏到传统园林的山水之美。

到了 20 世纪 80 年代末，我国城市公园有了较大的发展，公园的规划设计主要以休闲游憩为目标，各个功能区以及公园内各项设施都是为不同类型的游人服务的。景观设计上，这一时期的公园以造景为主，植物的搭配主要为满足观赏的要求。公园的总体布局不甚合理，中心城区绿地少且建筑密度、人口密度都很高，难以满足市民需求。

20 世纪 90 年代以来，我国的城市公园不仅在数量上有所增加，而且在设计理念上有了重大变化。人们提高了对城市公园的功能和作用的认识，改善城市环境、维持城市生态平衡成为城市公园的一个重要功能。城市中生物多样性的研究、绿地效益的研究、植被的研究等都为生态园林的建设打下了坚实的理论基础。

（二）城市公园的功能与分类

1. 城市公园的功能

（1）休闲娱乐——首要功能

现代城市公园是为城市居民提供的具有一定使用功能的游憩空间。城市公园作为城市的公共空间，最直接、最重要的功能是满足城市居民的休闲游憩活动的需要。

城市化程度越来越高，而供人们日常户外活动的场地却越来越少，如何在城市化过程中为居民提供更多的城市绿色空间成为城市经济可持续发展的关键。创造城市绿色生活，让居民健康地生活，关键在于建设良好的生态环境，给市民提供一个休闲活动的平台。城市公园作为城市的主要绿色空间，起到了净化空气、降低辐射、调节区域气候等作用。它维持着城市的生态平衡。更重要的是，城市公园提供了可供公众享受绿色休闲生活的场地，让市民在工作之余能够休息、小孩能够玩耍、老人能够锻炼等，以此推动城市生活质量的持续改善。

人有亲近自然的天性和权利，满足人的心理和活动要求是城市公园的目标。在城市公园的设计和建设中，我们应遵循生态环保的原则，合理规范和引导人的活动，创建人与自然和谐共生的场所。

（2）防灾避险——重要功能

城市公园具有大面积的公共开放空间，在城市的防火、防灾、避难等方面能够发挥很大的作用。2008 年 5 月 12 日下午，四川汶川发生 8.0 级大地震，伤亡惨重，地震波及地区的许多城市公园成为避难所，成千上万的市民到公园绿地避灾。《国务院关于加强防震减灾工作的通知》明确指出，“要结合城市广场、绿地、公园等建设，规划设置必需的应急疏散通道和避险场所，配备必要的避险救生设施”。城市公园在防灾避险及灾后的安置重建中起到重要的作用。

（3）生态平衡——主要功能

城市公园能够维持生态平衡，改善人类生存环境。城市公园的生态平衡功能主要包括以下几个方面：①维持氧和二氧化碳的平衡；②净化空气中的有害物质；③减少噪声；④调节气候，涵蓄降水，减少径流；⑤为鸟类和昆虫提供食物和栖息地等。

（4）城市发展——经济功能

城市公园就像一个磁场，不仅具有吸引游客的作用，还能发挥潜在的辐射作用。城市公园最显著的经济功能是推动周边不动产升值，吸引投资，从而推动该区域的经济的发展。

2. 城市公园的分类

（1）现有的公园类型

根据建设部城建司印发的《全国城市公园情况表》和有关资料，中国现有公园的类型包括：动物园、植物园、森林公园、历史名园、文物古迹公园、纪念性公园、文化公园、体育公园、雕塑公园、科学公园、国防公园、主题公园等。

我国城市公园的类型比较多，但没有一个完整的城市公园分类系统，而且少年公园、青年公园、老年公园、科学公园、国防公园等类型的公园数量很少。

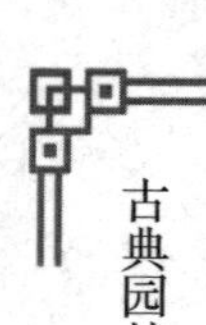

（2）公园分类系统

根据我国的国情和对现代城市公园类型构成的分析，参考日本公园的分类系统，结合我国社会经济、生活发展的需要，本书提出以下分类系统（表 3–1）。

表3–1　公园分类系统

公园类型			公园内容及特征
保护公园	国家公园		原国家级风景区
自然公园	省立自然公园		原省级风景区
	市立自然公园		原市级风景区和郊野公园
城市公园	居住区基干公园	居住小区游园	居住区内的中心绿地成组团游园
		邻里公园	邻里单位间形成的公园
		社区公园	社区范围内建立的公园
	城市基干公园	区级综合性公园	为行政区内居民服务的公园
		区级运动公园	为行政区居民提供体育运动设施和运动场所的公园
		市级综合性公园	为全市居民服务的公园
	线型公园		滨水绿带、林荫大道等线型绿化地带
	专类公园	风景名胜公园	以开发、利用、保护风景名胜为基本任务的游憩绿地
		植物园	以植物科学研究为主的展览性公共绿地
		动物园	集中饲养、展览和研究动物的公共绿地
		历史名园	具有历史价值的著名园林
		主题公园	把各种主题色彩的景观和娱乐设施建造为一体的娱乐场所
		博览会公园	介绍或展览科技、文化等方面的成就的公园绿化环境
		雕塑公园	以雕塑为主题，是室外雕塑的一种特殊展示形式
		城市广场	城市中的公共开放空间
		森林公园	以森林为主题与主体的公共绿地

另外，当前正在全国各地兴建的主题游乐园，由于主题性强、占地规模大、投资费用高、设施要求高等因素，决定了其是以营利为目的的经营性游乐场所，所以不将其列入公园的范围内讨论。

从公园的分类来看，除去保护公园和自然公园，城市公园从类型上讲主要可以分为以下几类。

①居住区小游园

居住区小游园是居民活动的基干公园，是城市公园的最小单位。此类公园可以是居住区内的中心绿地或组团游园。

②邻里公园

邻里公园是指在几个邻里单位之间形成的为满足近邻居民日常户外活动需求的公园，是服务区范围内居民的主要休闲活动场所。

③社区公园

社区公园是指在一定规模的社区范围内建立的，游憩设施较为齐备的，群众性的文化活动、娱乐、休息的绿化场所。该类公园是居住区基干公园的主要组成部分，是居住区小游园、邻里公园的有机补充。

④区级综合性公园

区级综合性公园是指在一个较大的城市中，为一个行政区内的居民服务的，满足居民或游人休憩、娱乐、文化、科普、教育等多方面需求的，有丰富内容和设施的城市公共绿地。

⑤市级综合性公园

市级综合性公园是指为全市居民服务的，在全市公共绿地中，集中面积较大、活动内容和设施最完善的绿地。

⑥线性公园（滨河绿带、道路公园等）

线性公园是指依托水体和道路等线型资源而发展起来的公园形式。

⑦专类公园

a. 风景名胜公园

该类公园是指依托风景名胜区发展起来的，以满足人们游憩活动需要为主要目的，以开发、利用、保护风景名胜资源为基本任务的游憩绿地形式，如杭州西湖风景区、武夷山风景名胜区、庐山风景名胜区、黄山风景区等都属于此类形式。它是我国特有的公园形式。

b. 植物园

植物园是以植物科学研究为主，以引种驯化、栽培实验为中心，培育和引进国内外优良品种，不断发掘扩大野生植物资源在农园艺、林业、医药、环保、园林等方面的应用的综合研究机构和展览性公共绿地。

综合性植物园主要由以科普为主、结合科研与生产的展览区和以科研为主、结合生产的苗圃试验区两大部分组成，另外还有职工生活区。

规划布局上，综合性植物园的展览区主要由以下几个分区组成：植物进化系统展览区，经济植物展览区，抗性植物展览区、水生植物区，岩石区，树木区、专类区及温室区等几部分。

由于选址、主题等的不同，不同植物园的展览区域的组成也有所不同，如杭州植物园位于西湖风景区，其科普展览区由观赏植物区和山水园林区共同组成；华南植物园的展览区则是根据植物的功能特性，由优质速生用材树种试验区、热带果树试验区、经济植物育种区、竹类植物栽培试验区，经济植物繁殖区，引种药用植物试验区、香料植物引种试验区、环保绿化植物试验区及华南特有树种区等共同组成。

c. 动物园

动物园是集中饲养、展览和研究种类较多的野生动物及附有少数优良品种家禽家畜的公共绿地。

我国动物园在规划布局上，大多突出动物的进化顺序，按照“无脊椎动物——鱼类——两栖类——爬行类——鸟类——哺乳类”的顺序，结合动物的生态习性、地理分布、游人爱好、地方珍贵动物、建筑艺术等来进行综合布局。如上海动物园便分为“鱼类——鸟类——爬虫类——哺乳类（此类又分为食肉类、食草类、灵长类三个笼舍组）”。而上海野生动物园则由猛兽类、食草类、圈养类及宠物类等几部分组成。

有的动物园以下列几种展览顺序来进行规划布局：按地理分布安排，即按动物生活的地区如亚洲、欧洲、非洲、美洲、澳洲等来进行规划布局，如加拿大多伦多动物园便是采用这种方式来进行布局的；按动物生活的环境如水生、高山、疏林、草原、沙漠、冰山等来进行规划布局，如莫斯科动物园；按游人爱好、动物珍贵程度、地区特产动物如国家的珍贵动物、保护动物等来进行规划布局。

d. 历史名园

该类公园是指一些在城市的历史发展中具有相当重要的地位和具有相当历史价值的，并在当前被开发为公园的著名园林，包括公共园林和私家园林等。如苏州的众多古典园林——拙政园、网狮园、留园、退思园，北京的颐和园、北海公园，承德避暑山庄等。

e. 博览会公园

该类公园实际上是一种展览综合体，是介绍或展览科学、技术、农业、文化、艺术、园艺等方面的成就而形成的公园绿化环境，其在城市规划中的位置与建筑设计布局是由它的功能决定的。而每次大型博览会的举行都会在举办城市催生大面积的博览会公园，如 1937 年的巴黎世界博览会公园、1999 年的昆明世界园艺博览会公园、2000 年汉诺威的世界博览会公园等。

f. 雕塑公园

该种类型的公园是一种特殊类型的绿地形式，以雕塑为造园的主题，是室外雕塑的一种特殊的展示形式。该类公园既有公园的休闲功能，又有雕塑艺术的欣赏功能，为市民和游人提供了具有艺术价值的室外空间，可以说是一种天然的露天博物馆。

国外尤其是欧美等国家都建设有不同类型的雕塑公园。我国的雕塑公园起步较晚。目前，世界雕塑公园主要有以下几种形式。

在雕塑材料的产地建设雕塑公园，如维也纳的国际雕塑公园、哈尔滨的冰雕公园等都属于此类。

请雕塑家就地创作形成的国际性雕塑公园，如赫洛维兹市的捷裔雕塑家雕塑公园。

临时性的流动雕塑公园往往和雕塑家的作品巡回展或节庆活动相结合，哈尔滨的冰雕节、青岛和上海以及一些沿海城市的沙雕公园等都属于此类。

以不同题材建立起的专题雕塑公园，如广州雕塑公园便属于此类。

g. 城市广场

城市广场是指城市中的公共开放空间，其功能一般有三种：一是体现城市形象；二是为居民提供开放空间；三是作为城市居民的活动载体。

目前，我国有关城市广场的定义的争论很多，这和我国正在大力兴建各式各样的城市广场有关。一般广场可以分为市政广场，如上海人民广场；交通广场，如各种站前广场；宗教广场，如威尼斯圣马可广场、庙前广场等；商业广场，如南京路步行街中心广场；休息娱乐广场，如北戴河休闲广场等。

h. 森林公园

森林公园是指在城市中以森林为主题与主体的公共绿地，森林覆盖率一般达到70%以上。如上海共青森林公园。

（三）城市公园景观设计要点

1. 开放性

城市公园的开放性是指城市公园是一种休闲型景观空间，与相对封闭的传统公园或商业性的主题娱乐公园是有区别的。传统的公园通过收取门票的手段限制了进入人群的数量和频率，而主题娱乐公园由于大量商业设施的存在，往往成为刺激消费的商业空间。随着社会的发展，人们开始呼唤一种更为普及和日常化的景观空间，一种与日常生活相耦合的景观形式。人们特别是老年人对休闲活动提出了更多要求。目前，许多传统公园通过出售月票、年票等手段来吸引老年人群，或是通过破墙透绿的方法将公园的绿色融入城市景观之中。许多新建或改建的市民广场和城市游园进一步满足了城市人群休闲活动的需要。

2. 可达性

①景观与生活相结合，即城市公园应尽可能地与城市生活紧密联系。在规划选址时，应将城市公园置于城市生活特别是居住与商业相对集中的区域。与城市生态绿地不同，城市公园不能作为“见缝插针”的城市零碎地的填缝手段，也不应当用作周围开发地带的隔离缓冲区和分离街道与建筑的手段，它应当处于城市的重要地位。

②步行优先。城市公园的根本目的在于提供休闲的自然环境，因此，从本质上讲，城市公园是提供一种步行环境的规划设计。城市公园强调步行的可达性，提倡人车分流或人车友好的道路系统，同时在规划选址、空间布局、景观设计等各方面充分体现对人的关怀。

③城市公园应重视连续的线形空间，以形成城市的生态与景观走廊。一方面，在空间规划时，应通过连续的步行系统将点状的绿地公园串接起来，最大限度地使景观与城市生活衔接；另一方面，在对特定空间进行景观设计时，道路与开敞空间相结合的交通与休闲空间应作为景观空间的主体要素来进行精心设计。

3. 休闲性

休闲不仅是游，更是憩，其目的是通过优美的环境调整身心，并进行非正式的人际交往。城市公园的规划设计要完成从传统的旅游空间向休闲空间的转化。旅游空间除了具有景观体验、调整身心的作用之外，还有一个重要的目的，就是提供更多的信息以满足人们的猎奇与探究心理。休闲空间虽然不需要过多的信息，但需要领域感、认同感和家园感。另外，休闲活动本身是一种以休憩为主，兼交往、文化、教育等社会功能的活动，同时也需要适度的商业服务设施。因此，城市公园通过复合性、全时性、领域性与自由性的功能特征来满足城市人群休闲的要求。

4. 自然性

设计中应以自然要素为主，忌人工堆砌。景观形式应自然生动，富于变化。由于自然景观空间的多义模糊性以及自然元素特征，个体在自然环境中往往有较佳的情绪和心情，这正是休闲活动的理想状态。

二、城市广场

广场是指面积广阔的场地，特指城市中的广阔场地，是城市的道路枢纽，是城市中人们进行政治、经济、文化等社会活动或交通活动的空间，通常是大量人流、车流集散的场所。广场中或其周围一般布置着重要建筑物，往往能集中表现城市的艺术面貌和特点。在城市中，广场数量不多，所占面积不大，但它的地位和作用很重要，是城市规划布局的重点之一。

“广场”一词源于古希腊。最初的广场是由各种建筑物围合而成的一块空旷的场地或是一段宽敞的街道。最后，广场的主要功能是供人们进行集会和商品交易，其形式较杂乱，很不规则。此后，广场逐渐演变为城市生活中心，成为人们约会、交友、辩论、集会的场地，同时也是竞技、节庆、演说等活动的舞台。

（一）广场类型

1. 交通广场

交通广场是指有数条交通干道的较大型的交叉口广场，如环形交叉口、桥头广场等。这些广场是城市交通系统的重要组成部分，大多安排在城市交通情况复杂的地段，和城市主要街道相连。交通广场的主要功能是组织交通，同时也有装饰街景的作用。在绿化设计上，应考虑交通安全因素。某些地方不能密植高大乔木，以免阻碍驾驶员的视线，应以灌木植物作点缀。

2. 商业广场

商业广场指用于集市贸易、展销购物的广场，一般布置在商业中心区或大型商业建筑附近，可连接邻近的商场和市场，使商业活动趋于集中。随着城市重要商业区和商业街的大型化、综合化、步行化的发展，商业广场的作用还体现在能提供一个相对安静的休息场所。因此，它具备广场和绿地的双重特征，并有完善的休息设施。

3. 休闲娱乐广场

在城市中，此类广场的数量最多，主要是为市民提供一个良好的户外活动空间，满足市民节假日的休闲、娱乐、交往的要求。这类广场一般布置在商业区、居住区周围，多与公共绿地相结合。广场的设计既要保证开敞性，也要有一定的私密性。在地面铺装、绿化、景观小品的设计上，不但要富于趣味，还要能体现所在城市的文化特色。

4. 纪念广场

纪念广场是指用于纪念某些人物或事件的广场，可以布置各种纪念性建筑物、纪念牌和纪念雕塑等。纪念广场应结合城市历史，与城市中有重大象征意义的纪念物配套设置。

（二）广场空间形式

1.规则广场

规则的几何形广场包括矩形广场、梯形广场、圆形（椭圆形，半圆形）广场等。规则广场一般多是经过有意识的人为设计而建造的，广场的形状比较对称，有明显的纵横轴线，给人一种整齐、庄重及理性的感觉。有些规则的几何形广场具有一定的方向性，利用纵横线强调主次关系，表现广场的方向性。一些广场以建筑及标识物的朝向来确定方向，如天安门广场通过中轴线而纵深展开，从而形成一定的空间序列，给人一种强烈的艺术感染力。

2.不规则广场

不规则广场可以是人为的、有意识的设计，基于广场基地现状、周围建筑布局、设计观念等方面的需要而形成的；也有少数是非人为设计的，是随着人们对生活的需求自然演变而成的。广场的形态多按照建筑物的边界来确定。位于地中海沿岸的阿索斯广场顺应自然地形演变而成，呈不规则梯形。被人们称作“欧洲最美的客厅”的威尼斯圣马可广场充满了人情味，舒适宜人的尺度及不规则的空间让人们感到舒适与亲切。

3.复合型广场

复合型广场是由数个单一形态广场组合而成的。这种空间序列组合方法是运用美学法则，采用对比、重复、过渡、衔接、引导等一系列手法，把数个单一形态广场组织成为一个有序、变化、统一的整体。这种组织形式具有功能合理性、空间多样性、景观连续性和心理期待性。在复合型广场的一系列空间组合中，应有起伏、抑扬、重点与一般的对比性，使重点空间在其他次要空间的衬托下得以突出，成为控制全局的高潮。复合型广场规模较大，是城市中较重要的广场。

（三）广场设计要素

1.广场铺装

广场应以硬质景观为主，以便有足够的铺装硬地供人活动，因此铺装设计是广场设计的重点。许多著名的广场因其精美的铺装而令人印象深刻。

广场的铺装设计要新颖独特，必须与周围的整体环境相协调，在设计时应注意以下两点。

（1）铺装材料的选用。材料的选用不能片面追求档次，要结合其他景观要素统一考虑，同时要注意使用的安全性，避免雨天地面打滑，多选用价廉物美、使用方便、施工简单的材料，如混凝土砌块等。

（2）铺装图案的设计。因为广场是室外空间，所以地面图案的设计应以简洁为主，只在重点部位稍加强调即可。图案的设计应综合考虑材料的色彩、尺度和质感，要善于运用不同的铺装图案来表示不同用途的地面，界定不同的空间特征，也可用以暗示游览前进的方向。

2. 广场绿化

广场绿化是广场景观形象的重要组成部分，主要包括草坪、树木、花坛等内容。广场绿化常通过不同的配置方法和裁剪整形手段，营造不同的环境氛围。绿化设计有以下几个要点。

（1）要保证不少于20%的广场面积的绿地，来为人们遮蔽日晒和丰富景观的色彩层次。但要注意的是，大多数广场的基本目的是为人们提供一个开放性的社交空间，那么就要有足够的铺装硬地供人活动，因此，绿地的面积也不能过大，特别是在很多草坪不能上人的情况下就更应该注意[①]。

（2）广场绿化要根据具体情况和广场的功能、性质等进行综合设计，如娱乐休闲广场主要是提供在树荫下休息的环境，点缀城市色彩，因此可以多考虑水池、花坛、花钵等形式；集会性广场的绿化就相对较少，应保证大面积的空白场地，以供集会之用。

（3）选择的植物种类应符合和反映当地的特点，便于养护、管理。

3. 广场水景

广场水景主要以水池（常结合喷泉设计）、叠水、瀑布的形式出现。通过对水的动静、起落等的处理活跃空间气氛，增强空间的连贯性和趣味性。喷泉是广场水景最常见的形式，它多受声、光、电控制，规模较大、气势不凡，是广场重要的景观焦点。设置水景时应考虑安全性，应有防止儿童、盲人跌撞的装置。周围地面应考虑排水、防滑等因素。

① 林玲．试论城市广场公园中的植物配置景观[J]. 现代园艺，2018（4）：163-164.

4. 景观小品

广场景观小品包括雕塑、壁饰、座椅、垃圾箱、花台、宣传栏、栏杆等。景观小品既要强调时代感，也要具有个性美，其造型要与广场的总体风格相一致，协调而不单调，丰富而不零乱，着重表现地方特色、文化特色。

5. 广场照明

广场照明应保持交通和行人的安全，并有美化广场夜景的作用。照明灯具的形式和数量的选择应与广场的性质、规模、形状、绿化和周围建筑物相适应，并注重节能要求。

三、城市街道

城市街道是城市的构成骨架，属于线性空间，它将城市划分为大大小小的若干块地，并将建筑、广场、湖泊等节点空间串联起来，构成整个城市景观。人们对街道的感知不仅来源于路面本身，还包括街道两侧的建筑，成行的行道树、广场景色及广告牌、立交桥等，这一系列景物的共同形成了街道的整体形象。

街道景观质量的优劣对精神文明有很大影响。对于市民来说，街道景观质量的提高可以增强他们的自豪感和凝聚力。对于外地的旅游者来说，街道景观就代表整个城市给他们的印象。

城市街道绿化设计是城市街道设计的核心，良好的绿化构成简约、大方、开放的景观。除了美化环境外，街道绿化还可调节街道附近地区的湿度，吸附尘埃、降低风速、减少噪声，在一定程度上改善周围环境的小气候。街道绿化是城市景观绿化的重要组成部分。

（一）街道绿化设计形式

街道绿化设计形式有规则式、自然式和混合式三种，要根据街道环境特色来选用。

1. 规则式

规则式街道绿化设计通过树种搭配、前后层次的处理、单株和丛植的交替种植来实现变化。一般变化幅度较小，节奏感较强。

2. 自然式

自然式街道绿化设计适用于人行道及绿地较宽的地带，较为活泼，变化丰富。

3. 混合式

混合式街道绿化设计是规则式和自然式相结合的形式。它有两种布置方式：一种是在靠近道路边列植行道树，行道树后或树下自然布置低矮灌木和花卉地被；另一种是在靠近道路边布置自然式树丛、花丛等，而在远离道路处采用规则的行列式植物。

（二）街道绿化设计要点

1. 根据我国的《城市道路绿化规划与设计规范》，街道绿化设计要点包括以下方面。街道绿化宽度应占道路总宽度的20%~40%。

2. 绿化地种植不得妨碍行人和车行的视线，特别是在交叉路口视距三角形范围内，行道树绿化带应采用通透式配置。

3. 街道绿化设计同其他绿化设计一样，要遵循统一、调和、均衡、节奏和韵律、尺度和比例这五大原则；在植物的配置上，要体现多样化和个性化相结合的美学思想。

4. 植物的选择要根据道路的功能、走向、沿街建筑特点以及当地气候特点，选择组合各种形式的绿化。

5. 行道树种的选择要求形态美观，耐修剪，适应性和抗污染力强，病虫害少，没有或较少产生污染环境的落花、落果等。

6. 道路休息绿地是城市道路旁供行人短时间休息的场所，是附近居民就近休息和活动的场所。因此，道路休息绿地应以植物为主，此外还应提供休息设施如座椅、宣传廊、亭廊、花架等。街道设施小品和雕塑小品应当摆脱陈旧的观念，强调形式美观、功能多样，设计思想要自然、有趣、活泼、轻松，可大胆地将电话亭、座椅和标识牌等艺术化。

（三）城市地下通道环境设计

地下通道是在城市地面下修筑的供人行走的通道。行人经地下通道大量、快速、安全地通过交通拥挤路段，解决了大城市内的行人交通拥挤和安全问题，同时起到了美化城市的景观作用。它的环境设计要点如下。

1. 以交通枢纽站为节点

在拥挤的交叉路口等交通枢纽地带设置地下通道，“人车分流”，给高质量交通带来了希望。

2. 以便捷通达为目标

在高楼林立的城市中心区，应把高楼楼层内部设施（如大厅、走廊、地下室）等与中心区外部步行设施（如地下过街通道、天桥、广场等）衔接起来，并将这些步行设施与城市公交车站、地铁站、停车场等交通设施相连，共同组成一个连续的、系统的、功能完善的城市交通系统。

3. 以环境舒适宜人为根本

充满情趣和魅力的地下步行系统能够使人心情舒畅，特别是有休息功能和集散功能的步行设施尤为如此。花坛、树木可以净化空气；饮水机、垃圾桶可以满足公众之需；电话亭、自动取款机，各种方向标志可以为游人提供方便；地下全封闭的步行环境，将商厦、超市、银行和办公大楼连成一体，行人可以不受骄阳、寒风、暴雨、大雪的影响，从容地活动。

四、城市住宅区

（一）规划设计理念与思路

城市住宅区景观设计的结果是供小区所有居民休闲、欣赏、利用的，所以在设计中要全方位考虑设计空间与自然空间的融合，不仅要关注平面组成和功能分区，还讲究一个全方位的立体分层分布，利用粧土边坡、下沉式网球场、地板高度、建筑布置等手段进行空间转换。平面构成线条流畅，从容大度，空间分布错落有致，富有变化，景观和园林植物要有季节性变化。整体景观设计要真正成为一个四维空间的作品，一年四季，无论平视还是鸟瞰都可以得到立体视觉效果。自然生态理念要在设计中贯穿始终，体现对自然的尊重，体现人与自然的和谐相处、相互融合。

住宅花园功能也是设计的一个重点。功能区的划分组织，在追求自己特点的基础上，应注重整体的风格，考虑周到，要人性化，能够强烈

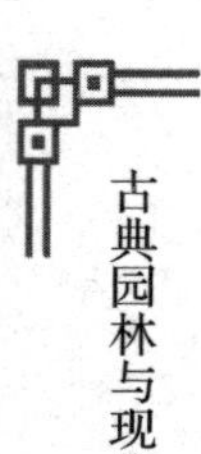

吸引人们走出自己的家园，融入自然，享受更优质的生活。

1. 规划主题

城市住宅区的景观规划强调以自然为主题的景观设计和景观生态的功能。

2. 设计原则

（1）人性化原则。房前屋后需要充满“绿色”和适当的空间；同时注意具有不同特征的休闲空间的开放性和半隐私性；充分考虑人的亲水性。

（2）生态原则。人们渴望“绿色”，设计师可以通过绿色空间来屏蔽喧嚣，使人亲近自然，满足人在生态环境方面的视觉心理感受。

（3）文化特色原则。传统文化景观容易让观众产生认同感和归属感。

（4）简单就是美的原则。在苏州传统建筑与园林设计中，设计师利用现代设计方法和理念，通过最简单的元素的运用，既有传统的古典韵味，又体现了现代的简洁风格，并且符合现代的生活方式和审美情趣需要。

3. 规划原则

（1）场地原则。城市住宅区的景观规划应体现场地原创意义和特点。

（2）功能性原则。城市住宅区的景观规划应满足市民的休闲、娱乐、出行需求。

（3）生态学原则。城市住宅区的景观规划应强调社区在城市生态系统中的作用，强调人与自然的共生关系。

（4）经济原则。设计应充分利用场地条件，减少工作量。

（二）规划布局与功能分区

1. 横向沿水景观带

自古以来，水对人就有一种固有且持久的吸引力，在设计时，设计师可充分根据居住区独特的地理优势，利用水来营造整个居住区的风格。例如，可以做这样的设计，从远处观看，楼盘被绿色环绕，如一位在水一方的亭亭玉立的伊人，带给观众无限的渴望和向往。设计师可根据具体的环境，使用不同材质及颜色的路面来划分空间，从而形成各种活动场地，并设置五颜六色的灯光，为夜间的水面添加一道迷人的风景线。

滨水步道应错落有致，不断变化。人们在不同位置、不同角度，看到的都是不一样的景观。

2. 架空层

底层架空层部分的设计充分利用了底层面积，产生了交通、休息、娱乐的作用。建造者在其中设置半开放半封闭的设施，给居民提供沟通和休息的场所；在景观设计上，巧妙运用借景、框景、障景等造园手法，扩大户外空间，并加深景深；在植物的选择中，应考虑实际情况，多采用耐荫性、抗风性较强的植物，再配以雕塑和硬质景观，创造温馨和谐、内容丰富的公共空间。

3. 灯型选择

夜间景观规划和设计必须“软”“硬”兼备。在灯具的选择中，应注重研究地区灯具造型与地域文化特色的结合，强调了艺术性、趣味性和参与性。如中国结的灯光雕塑取自数学拓扑中的悖论原理，环是一个立体的空间，但它是由一个个面构成的，象征着中华民族团结一心，也代表着中华民族的凝聚力。一个空间结构由300个间距的中国结不锈钢网组成，霓虹灯是分布式的网络结构。自动控制系统使灯光在一个面上流动，循环往复、首尾相接。文化性、趣味性及科普性均在此得到体现。

4. 道路系统

在现有的住宅建筑规划和平面分布中，应综合考虑交通、消防等方面；沿主要道路和建筑，将每个分区紧密联系在一起，在人流密集处留下大面积的活动空间，要有良好的疏通与引导功能。次要道路系统可以设置有趣的长椅、雕塑和小物件。所有道路两边可设计一套合理的内容丰富的标志和路灯，在充分发挥其功能的同时，凸显主题。

5. 绿化配置

植物配置要遵循适地适树原则，与建筑风格搭配，同时考虑到多样性和季节性，力求多层次、多品种搭配。整体上，植物要疏密高低有别，力争在颜色变化和空间组织上取得良好的效果。

6. 植物的选择

营造一个舒适优美的居住环境，植物的选择和配置尤为重要，在设计中主要应遵循以下几点。

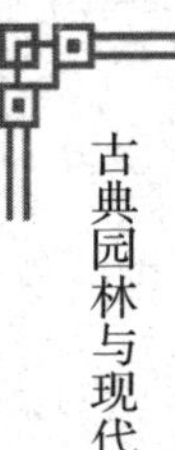

（1）主要以绿化为主。居住区主要采用常绿和落叶乔木、速生树种和生长缓慢的树木、乔木和灌木相结合的方式，这样可使本居住区终年有绿化，取得良好的景观效果。植物栽植要避免过于凌乱、集中、独特，应在一致中改变，在丰富中统一。

（2）选择植物应注意当地的条件，以方便未来的管理。居住区的植物应选择病虫害少的植物和当地的树种。

7. 停车场

景观概念设计采用现代设计手段，将传统元素用最简约的线条勾勒出来，使景观在自然形态中最自然地呈现出来，从而满足现代人的"归属感"，满足人们对自然的向往，达到释放压力的效果。设计师应力求最大限度地发挥景观的减压作用，充分考虑居住者内心的感受，并与他们产生共鸣。

第三节　城市景观规划的设计手法

一、基于感官的城市景观规划设计手法

（一）视觉

1. 利用光影构建视觉感知

光影的存在是一种强烈的形而上学的呈现。对光影的知觉与体验有时是纯视觉的，有时包括其他感觉器官，有时又是纯意识的。光的存在是视觉呈现的外部前提，光与影像的体验和感受直接而强烈。在日常生活中，我们的眼睛看到的大多数的光源都是带有色彩的，并且我们的眼睛会对捕捉到的光影进行过滤。我们看到的色彩是视觉综合作用的结果。所以我们看到的光不是绝对的，而是相对的。

（1）明暗感知

人的眼睛的感光细胞分为锥状细胞和杆状细胞。锥状细胞在明视觉状态下对光色刺激产生反应，使人的眼睛具有感觉色彩的能力（色觉）。在暗视觉状态下，杆状细胞发挥作用，对外界的亮度变化产生反应。

（2）色彩感知

人们并不能感知光谱区域内的所有波段的色光，据调查，在明视觉状态下，人的眼睛对波长为 555nm 的黄绿色的光最敏感，而在暗视觉状态下，人的眼睛对波长为 507nm 的蓝绿色的光最敏感。我们应根据这些规律进行景观设计。

（3）适应性

人的眼睛能根据周围环境光线的亮度变化而进行自动的调节和适应。从明到暗的适应叫作暗适应，这个过程需要 10~35 分钟；由暗到明的适应叫作明适应，适应时间会比较短，一般仅需要 1 分钟。我们在进行景观空间序列的组织时，对于明暗空间的过渡尤其是从明亮的空间进入幽暗的空间应该特别注意。从黑暗空间到明亮空间的过渡设计可以较短，这样会带来豁然开朗的感觉。

2. 利用色彩渲染视觉感知

人们喜欢有色彩的事物，而在景观空间中，色彩也是最能吸引人们注意力的设计要素。在设计中，我们可以把事物的色彩分成原本色和装饰色，原本色就是物体的固有色，装饰色就是带有人工修饰痕迹的色彩。在景观空间中，固有色更容易与自然环境相融合，因此我们在骨干设计中要尽量使用物体本身的固有色，展现其本质和自然美。人工装饰色主要用于建筑、铺装、小品等部分。

环境中色彩的变化是随着光线强弱的变化和人的眼睛结构而变化的，并随着季节的更替、时间的变化而变化。在进行景观环境设计时，我们要根据人们的生理特征和时间因素等来进行色彩的设计和搭配。在景观环境中，植物的色彩是随着季节的改变而呈现出不同的季相特征的，如春花烂漫、夏树葱郁、秋叶萧索、冬枝苍劲。长时间地观看单一的色彩会使人产生疲倦，丰富多彩的色彩搭配更能使人的视觉器官感到愉悦。

3. 利用形态、空间的差异影响视觉感知

我们通过视觉所感知的事物，并不是我们能直接用眼睛看到物体的本身，而是光线投射到这个物体上，产生光影并反射到我们的眼睛内。在没有光和阴影的时候，物体给人一种单薄、平面的感觉，没有体量和空间感；在光影的作用下，物体则显示出了空间感，阴影发生了变化，

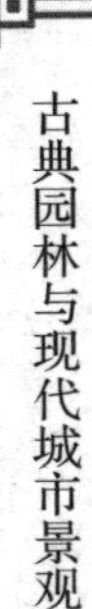

更符合人们的视觉经验，使空间感更强更真实。空间中的光影是不能分开的，缺失了任何一部分，都会使空间变得不可感知或者感知不清。

景观设计同样也在营造形态与空间。景观空间中的线条、阴影、色彩、形态是构成空间的重要元素，线条架构景观空间的骨架、阴影使空间出现层次、色彩让空间变得丰满、形态使空间更加有趣。景观空间是一个综合了平面、立面，经过艺术处理后的二维概念。视觉体验在景观空间中占有很大的比例，如何利用其营造出全新的体验感是景观设计的重点。不同的景观形态和空间给人的视觉体验是不同的。形态是事物的外在的形状、外观及形式，景观设计中的植物形态的高低错落、建筑的刚硬柔滑、地形的高低起伏等都会对景观空间产生很大的影响；景观空间的大与小、高与低，都会让人产生不同的视觉体验。

在设计中，设计师应把人和景观结合起来思考和判断，然后进行设计。尤其是在一些小空间的设计中，人与空间的融合更加重要，更需要谨慎、细微的思考。美国建筑大师斯蒂文·霍尔曾经说过：建筑与情境不可分。这句话同样适用于景观设计。景观空间的营造是与场所的体验交织在一起的，是体现设计理念的地方。

（二）听觉

听觉系统在景观空间中也扮演着很重要的角色。随着时代的变迁，城市急剧扩张，乡村逐渐消失，人们开始厌烦城市的生活，希望能亲近自然，包括来自大自然的各种声响，如鸟叫声、风吹草地的声音、哗哗的流水声等，这些声响对人们的身心健康有很大的帮助。就如优美的音乐能舒缓人们的心情，缓解人们的压力一样。S.E·拉斯姆森在其著作《建筑体验》中，讨论了声音在建筑空间中的反射、折射和吸收，及人们在此空间的心理反应。这让人们认识到声音对体积感和空间感的重要的引导和界定作用。

1.通过自然声来体验听觉世界中的时间、空间

“声音”无处不在。声音不是单个音符的组合，就像画面是由各种色彩构成一样，声音也是由各种声响组合在一起形成的。声音在环境中的存在方式分为两类：一类是自然声，另一类是人工声。自然声即水声、

风声、动物叫声等非人工创造的声音。

大自然瞬息万变，晨昏日落、日月更迭、四季变换……大自然如果没有了声音，世界将是一片死寂。声音不仅能听，还能使人感受时间的运动和空间的形成。

（1）景观中声景的时间感

时间是一种尺度，度量现在、过去和未来。哲学学者一直在探讨一个问题：时间给人的感受是绝对的，还是相对的？本书的研究达不到哲学的高度，但本书试图通过阐述来说明在景观设计中，时间感可以通过声景来得以感知和体验。

人们说时间是无形的，看不见也摸不着，但是时间又如空气一样，随处可见。声景可以创造时间感，清晨的第一声鸡叫意味着新的一天的来临，一天的开始。四季的更迭使得植物的枝叶发生变化，春天的枝叶在微风中发出哗啦啦的声响，夏天的枝叶在狂风暴雨中发出浑厚有力的声音，秋天的枝叶在秋风中显得萧索而单薄，冬天的枝叶在寒风中发出吱吱呀呀的摩擦声。这些大自然中的声音都带有时间的符号。通过耳朵，人们可以辨别春夏秋冬的季相变换。随着现代科技的进步，人们通过高科技仪器能够听到花开的声音、植物抽芽的声音、树叶的凋落声等，根据这些声音可以推断出时间的变化。

这些听觉上的体验不仅对人的感官感受具有冲击力，同时对景观环境的设计具有重要的指导作用。根据听觉体验设计出来的景观能打动参与者，兼顾残障人士。

（2）景观中声景的空间感

人们不仅能通过视觉判断空间距离的远近，还能通过听觉来判断空间距离的远近。物体的振动产生声音，当振动停止时，声音也会随之消失。我们在景观环境中听到的声音一般都是经过很多障碍物以后传到耳朵里面的，这对在景观环境中判断物体的确切空间位置产生一定的影响。景观中的空间感还包括景观环境中良好的声环境和噪声对人的心理产生不同的影响。悦耳的流水声能穿透层层的障碍到达人们的耳朵，人们喜欢循着声音去寻找源头，这样，人与自然的距离就进一步缩短了。而嘈杂声则会让人们敬而远之。

不同的声音能营造出不同的景观空间感，当你闭上眼睛，耳畔响起微风吹动树叶的沙沙声和动听的鸟叫声时，你仿佛置身于一个宜人的景观环境中；当你听到汽车的鸣笛声以及嘈杂的脚步声时，你会感觉置身于一个闹市中。良好的景观环境的营造需要声音的介入，没有声音的环境是没有生命的。

2. 选择人工声带来听觉感知的意境

人工声是与自然声相对的，并且很多人工声来源于自然声，如通过模仿而创造各种乐器等。我们根据人工声所具有的不同作用进行分类，将其分为三种类型的声音。

（1）基调声（Keynote Sound）

基调声又称背景声，一般来说是作为其他声音的背景声音而存在的，用来描绘生活中最基本的声响。在城市中，我们会听到交通机动车的声音，我们会很自然地想到大都市的背景声就是汽笛声、嘈杂的人声、脚步声等。在大自然中，有微风吹拂树叶的沙沙声，有清脆悦耳的鸟鸣声，而在海边，有海浪的哗哗声……这些声音是一切声音的基调。

（2）前景声（Foreground Sound）

前景声又称信号声（Sound Signal），人的听觉具有阈限性，当声音达到一定的阈限，人们是听不到或者感觉不舒服的。前景声就是利用这一特点来吸引人们的注意。救护车声、火警声、警车声、铃声、汽车声等都属于前景声，往往特别尖锐。有的信号声倾向于噪声。

（3）标志声（Sound Ark）

标志声是具有场所特征的声音，标志声又可当作演出声。例如，在傍晚的西湖边，人们会听到南屏晚钟，这就是西湖的代表性的声音，它象征着这一地域特有的声响。同时，声音带有某个时代的时代特征，例如，当听到《夜上海》时，音乐的旋律一响起，人们就仿佛置身于当时的大上海的夜色中。在进行听觉景观设计时，如果能针对不同的场景，加入相应的声音，将非常有利于景观场景的表达。

不同的声音会通过人的听觉传达到人的脑部，经过处理，使人产生不同的心理感受。由于听众所受的教育、所在的环境等因素的影响，不同的人也会有不同的心理感受。我们通过调查问卷发现，人们更喜欢大自然的声音。大自然的声音能使我们的心灵得以平静。住在城市中的人们并不喜欢自己周围的环境声，汽车的鸣笛声、嘈杂的人声等都使人焦躁不安。

当人们处在悦耳的声音环境中时，身心会得到放松。经研究，悠扬悦耳的音乐声可以调节人的神经系统、心血管系统等生理方面的机能，促使身体分泌一种有利于身体健康的活性物质。另一方面，优美的音乐能使大脑分泌多巴胺、肾上腺素等物质，能提高大脑皮层的兴奋度，改善情绪，振奋精神。这种物质还能帮助人们调整紧张、焦虑、恐惧等不良心理状态，提高反应能力。

（三）嗅觉

1.微气候中的嗅觉体验

微气候是指小范围、短距离、内部的气候变化。微气候与人们的关系十分密切，人们的身体各部分无时无刻都与周围的环境进行着互动。当微气候发生变换时，人们的生理机能和心理感受也会受到影响。而有些微气候的指标往往是隐性的，不易被察觉的。科学研究证明：环境的温度、湿度等都与人类密切相关。测试数据显示，人的思维、记忆力、工作效率、心情、感受等在16℃左右的环境中最优。温度太低，会使人的思维迟钝、记忆力降低等；同样，当环境温度在30℃以上时，人的新陈代谢就会加快，体温也随之升高，工作效率降低、心情变得烦躁等。

人们的嗅觉与微气候的关系更加紧密。嗅觉相较于听觉和视觉来说，几乎不受空间距离的限制。景观空间中的气味会直接对进入空间的人产生嗅觉方面的影响。人们进入一个空间，如果闭上眼睛的话，最先的体验应该是嗅觉体验，如这个空间是清新芬芳的还是恶臭难挡的。一个好的景观空间的微气候必定也宜人，其温度、湿度也能达到人体的舒适指标。在嗅觉的带领下，人们更愿意去探寻景观空间。嗅觉感知具有强烈的情感属性，我们的情感也会影响嗅觉的感知。当你闻到鲜花、青草等的味道时，你的心情会觉得愉悦。同理，当你心情愉悦时，闻到食物的味道，你会觉得食欲大增；当你心情低落时，闻到同样的食物味道，可

能会觉得反胃甚至想吐。景观中的嗅觉体验与环境中的微气候是密切联系的，创造良好的微气候将会提升景观空间的整体品质。

当然，嗅觉感知的准确性也会受到外界的干扰。我们通常认为，某种浓烈的气味可以遮盖住其他的气味。但事实并不是绝对的，气味的遮蔽效应并不是对称的。

2. 用植物的气味创建嗅觉环境

良好的嗅觉感知需要良好的景观环境。良好的环境不仅能使人身心愉悦，还能促使景观空间中的植物茁壮成长。在景观空间中，植物是整个空间的灵魂所在。植物散发出的味道会使空间氛围产生变化。

人类对气味的感知是很敏锐的，能十分灵敏地辨别出各种不同的味气，香水百合、梅花、桂花等植物能使人们的心情变得很愉快。植物散发出的香气对人们的身心还具有医疗作用。如薰衣草精油可以改善人的睡眠质量。因此，景观设计者应该注重芳香植物在景观空间中的应用，让景观环境更加宜人。

3. 人工气味给予人的嗅觉记忆

嗅觉的原理很简单，但情感属性却非常复杂，有时还难以理解。新生婴儿的视觉和语言功能是很弱的，但是他（她）却能分辨出谁是母亲，靠的就是嗅觉。嗅觉与听觉具有很多的相似之处，它们都很少受到距离的限制。俗话说："酒香不怕巷子深。"人们的嗅觉不仅能闻到气味，还具有记忆性。

以色列的研究者们试图用实验来证明嗅觉与记忆力的关系。研究者们先向参加测试的人员展示了一组照片，并为每张照片搭配上一种特别的气味，一周之后，这些人需要通过闻气味，找出与之相对应的图像信息。测试结果出乎研究者们的预料：比起香气，味道难闻的气味似乎更能唤醒我们的记忆。这个测试还有一些微妙有趣的结果。两瓶气味完全相同的气体，当在一瓶中添加了一种没有味道的染色物质，绝大多数的参加测试的人都认为两瓶气体不是同一种气体，他们认为有颜色的气味更强烈，甚至有的人坚称味道完全不同。研究者认为，人们会根据嗅觉得出的结论，在行为上做出相应的反应。

二、基于心理学的城市景观规划设计手法

景观设计中的环境心理学研究环境与人的心理和行为之间的关系，又称人类生态学或生态心理学。这里所说的环境虽然也包括社会环境，但主要是指物理环境，包括空气质量、温度、建筑空间等。自然环境和社会环境是统一的，二者都对行为有重要影响。

（一）环境心理学相关理论

1.个人空间、私密性和领域性

在人与人的交往中，彼此间的距离、言语、表情等因素对人的心理起着微妙的调节作用。无论是陌生人、熟人，还是群体成员之间，保持适当的距离和采用恰当的交往方式十分重要。日本的环境心理学家把它称为“心理的空间”，而人类学家霍尔则称之为“空间关系学”。

（1）个人空间与人际距离

①个人空间

研究者认为，个人空间像一个围绕着人体的看不见的气泡，腰以上的部分为圆柱形，自腰以下逐渐变细，呈圆锥形。这一气泡跟随人体的移动而移动，依据个人所意识到的不同情境而胀缩，是个人心理上所需要的最小的空间范围，他人对这一空间的侵犯与干扰会引起个人的焦虑和不安。

个人空间是一个缓冲圈，起着自我保护作用：避免过多的刺激、防止应激造成的过度唤醒、弥补亲密性不足、防止身体受到他人攻击。事实上，当个人感到有人闯入自己的空间时，在逃离之前，常常会在行为上做出一些复杂的反应，如改变脸的朝向或调节椅子的角度等。

②人际距离

个人空间影响人际距离，人与人之间的距离决定了彼此的交往方式。人类学家霍尔在以美国西北部中产阶级为对象进行的研究的基础上，将人际距离概括为四种：密切距离、个人距离、社会距离和公共距离。

密切距离为0~0.45m，小于个人空间。人在公共场所与陌生人处于这一距离时，会感到严重不安，人们用避免谈话、避免微笑和注视来取得情绪上的平衡。

个人距离为0.45~1.20m，与个人空间基本一致。人处于该距离范围内，能提供详细的信息反馈，谈话声音适中，言语交往多于触觉，适用于亲属、师生、密友之间促膝谈心，或日常熟人之间的交谈。

社交距离为1.20~3.60m，在这一范围内，人可看到对方的全身及其周围环境。这一距离常用于个人的事务性接触，如同事之间商量工作。这一距离还起着互不干扰的作用。观察发现，即使熟人在这一距离出现，坐着工作的人不打招呼、继续工作也不为失礼；反之，若小于这一距离，即使是陌生人出现，坐着工作的人也不得不起身招呼。

公共距离为3.6~7.6m或更远，这是演员或政治家与公众接触的距离。在这一范围内，无细微的感觉信息输入，无视觉细部可见，人为了表达意义差别，需要提高声音，语法要规范、语调要郑重、遣词造句要多加斟酌，甚至采用夸大的非言语行为（如动作）辅助言语表达。

（2）私密性

从空间的等级来分析，私密性的层次可分为：公共空间、半公共空间、半私密空间、私密空间。

①公共空间

公共空间是在私密性的最外围。在公共空间中，陌生人最多的交流就发生在市区的街道、广场和公园等。人们都进行着从视觉接触到声音传递的活动。

②半公共空间

半公共空间包括公寓走廊、组团内部的绿地等较私密的区域，这种空间重在创造一个能鼓励社会交流，又能提供一种控制机制以减少此类交流的环境。在一些特殊的公共场合如图书馆，其座位按离心式布置，这一设计会给人们之间的交流造成一定障碍，正好符合图书馆需要。

③半私密空间

半私密空间包括开放式办公室、教师休息室等，这些空间只有特定的人可使用，要充分考虑人的私密性，如果视线或声音的传递方面处理不当，会出现各种问题。

④私密空间

私密空间针对性比较强。它是针对一个人或几个人的空间，如住宅中的卧室、私人办公室等。使用这些空间不需要和别人的行为发生关联。这些空间是人在生活中的真实需要。

（3）领域性

领域行为以占有和防卫为主，采用的方法有个人化和做标记、领域防卫、领域的占有和使用等。

①个人化和做标记

要使个人化标记有效，需要明示或暗示领域的归属。界线上的界标就是一种典型的明示。人们往往在主要领域和次要领域中设置个人化的标志物。如某个人的办公室的门上贴个牌子，上面写上名字，这就是个人化领域行为。而做标记则常常发生在公共领域，如在学校的图书馆，同学们为了使自己在图书馆的位置不被别人占据，在离开时会放上一些书本，这种为领域建立暗示线索的行为就是做标记。

②领域防卫

领域防卫的实质要素从弱到强可以分为标志物、屏障和墙体。标志物可以分为空间和字符性两个方面。空间方面如空间中顶棚的高低、地坪高度的变化、地面材质和铺设方式的变化、照明的造型和颜色变化等；比这更明确的就是字符性方面，即数字和符号。屏障包括玻璃、竹篱等隔断，它们比较灵活，既能把人们分开，又能把人们联系起来。

③领域的占有和使用

生活中，简单地占有和使用场所也是表明领域控制的一种方式。一个地区的使用特性常常由使用者的活动内容来决定。如公园中的某块绿地常用作野餐的场地，久而久之，人们就默许了这一区域的活动性质。

2. 外部空间中的行为习性

（1）动作性行为习性

有些行为习性的动作倾向明显，几乎是动作者不假思索做出的反应，因此可以在现场对这类现象进行简单的观察、统计和了解。但正因为简单，人们有时反而无法就其原因做出合理解释，也难以揣测其心理过程，只能归因于先天直觉、生态知觉或后天习得的行为反应。

①抄近路

抄近路习性可说是一种泛文化的行为现象。对于这类行为，有两种解决办法：一是设置障碍，使抄近路者迂回绕行；二是在设计和营建中尽量满足人的这一习性，并借以创建更为丰富和复杂的环境。

②靠右（左）侧通行。道路上既然有车辆和人流来回，就存在靠哪一侧通行的问题。对此，不同国家有不同的规定：在中国靠右通行，而在日本却靠左通行。明确这一习性并尽量减少车流和人流的交叉，对于外部空间的安全疏散设计具有重要意义。

③依靠性

人并非均匀散布在外部空间之中，而且也不一定停留在设计者认为最适合停留的地方。观察表明，人总是偏爱逗留在柱子、树木、旗杆、墙壁、门廊以及建筑小品等可倚靠物的周围和附近。从空间角度考察，“依靠性”表明，人偏爱有所凭靠地从一个小空间去观察更大的空间。这样的小空间既具有一定的私密性，又可观察到外部空间中更富有公共性的活动。

（2）体验性行为习性

①看与被看

“看人也为人所看”在一定程度上反映了人对于信息交流、社会交往和社会认同的需要。通过看人，人可以了解社会时尚和大众潮流等，满足人的信息交流和了解他人的需求；通过为人所看，希望自身为他人和社会所认同。人们通过视线的相互接触，加深了相互间的表面了解，为寻求进一步交往提供了机会。

②围观

围观既反映了围观者进行信息交流和公共交往的需要，也反映了人们对复杂事物和具有刺激性事物尤其是新奇刺激的事物的偏爱。例如，在外部空间下棋，就很容易引起周围人的围观。《为人的行为而设计》一书强调，外部空间中的这些场景，对人尤其是对儿童的学习和参与社会活动具有重要的影响。但是，事物有正面也有反面，毕竟不少围观使交通拥挤，前推后拥，还随时可能发生各种意外。因此，在外部空间设计中，设计者应合理妥善地满足这一行为需求。

③安静与凝思

寻求安静是人的基本行为习性之一。传统城市中许多安静的区域供人休息、散步、交谈或凝思，它们不是公园却胜似公园，为人们提供了一块养心安神的宝地。在环境设计中，运用各种自然元素和人工元素隔绝尘器，设置有助于安静和凝思的空间，会在一定程度上缓解人们在城市中的应激情绪。

（二）基于环境心理学的外部空间设计策略

通过对人们在外部空间中的心理及行为习性的总结可知，一个具有活力的外部空间既需要有生气，也需要为人们提供具有一定私密性的空间。

1. 增强空间生气

由于规划和设计不当，不少城市的外部空间遭到冷落和废弃。针对这样的情况，研究者提出应积极采取措施，吸引居民合理使用外部空间，并参与其中的公共活动，以形成生机蓬勃、舒适怡人的环境。

（1）活动人数与空间活跃度

活动人数可以粗略地反映出空间的活跃程度。根据霍尔的“人际距离”理论，可估算出空间活动面积与活动人数比值的上限。当人际距离与身高之比大于 4 时，除了旁观和打招呼等，人与人之间几乎没有其他相互影响的关系；当这一比值小于 2 时，相互间有了更多的感觉、表情、语言和动作方面的联系，气氛就转向活跃；当比值小于 1 时，熟人之间会产生密切感，陌生人却产生压迫感，甚至拥挤感。由此推论，以中国男子平均身高 1.67m 计算，要使一个空间具有生气感，空间活动面积与活动人数比值的上限不宜大于 $40m^3$/ 人；当比值小于 $10m^3$/ 人时，空间气氛转向活跃；当比值小于 $3m^3$/ 人时，是否产生拥挤感，则取决于活动群体的性质、活动内容和强度以及当时当地的情境等因素。

（2）逗留行为与空间活力

逗留时的行为特点也会影响空间活力。开敞的空间的周围应设有带状的活动场所，并设置相关的公共设施，吸引过往行人逗留，使人可以随着人流参与活动。一旦空间周围形成许多小的活动群组，它们很可能开始相互交叠，并把人群及其活动引向空间的中心。如果周围缺乏供人自然逗留的地方，就难以形成富有生气的公共生活空间，即使行人众多，大家也只能是穿行而过。

另外，外部空间中，公众使用的建筑应该以开敞性为主，长廊、花架和亭子等是符合这一行为特点的设施。向阳也是使空间获得生气感的必要条件之一，绿化、水景、动物等自然要素和生物要素也对空间的生气感起着重要的作用。

2. 创造私密性活动空间

形成视听隔绝是获得景观空间私密性的主要手段。视觉方面，在较大的空间中，多采用小乔木、假山、石壁等作障景处理，不仅可造成先抑后扬的景观效果，而且有助于保持区域的私密性。较小的空间可用绿篱、树丛、岩石等自然元素及矮墙、小品等人工元素作视觉遮挡。在街头绿地中，对私密性要求较高的游人常面向绿篱、背对道路就座或者使用临时道具遮挡，设计应针对这类行为做出适当处理。此外，过渡空间对外来干扰也能起到一定的缓冲作用，保证空间的私密性。

3. 合理满足人的行为习性

外部空间若能合理满足人的行为习性，就会吸引使用者，从而增加使用频率和使用时间。但是，外部空间设计只能在一定程度上满足某些行为习性，做到合情合理、适可而止即可。此外，外部空间设计也必须充分考虑特定习性所产生的不利影响，因此，有必要进行设计前的调研和使用后的评估，以便为建设和改建提供基于行为的资料，同时设计应尽可能地留有余地。

三、基于古典园林艺术的城市景观规划设计手法

中国古典园林中的艺术手法丰富多样，如从如何相地立基，叠山理水、建筑营造、植物配置等，到创造小中见大、序列空间、空间对比、借景生情的空间组织关系上等，从而营造人工美和自然美结合的意境美。中国古典园林艺术手法都具有借鉴的意义。本书试图理清这些传统艺术手法在现代城市景观规划中的运用方法，从而将传统与现代很好地结合起来，形成具有新时代特色的城市景观规划设计。

（一）仿生手法

1. 取象比类

“象”，在这里可以理解为超脱物质的精神表现，它可以是有形的，

也可以是无形的，通过“比”的手段使“象”融入园林，使园林充满“生气”。现代仿生思想更多的是对生物的外形、结构、色彩等的模仿，而中国古代园林绝非一般地利用或者简单地模仿自然，而是有意识改造、调整、加工、剪裁，从而表现一个精炼概括的自然的、典型化的自然。“仿生”，就是取象于大自然万事万物，取自然之生命力，使园林具备独特的气质，并能与自然和谐共生，使其仿佛本来就是由自然生长出来的园林。可以说，中国古代园林不仅是对有形的仿生，而且是对无形的仿生（意境仿生）。

2. 有形仿生

所谓有形就是事物外在形貌、结构、色彩等可观的特征。古人在造园时，通过对大自然万物的观察，将一些动物的适于生存的形式加以运用。如乌龟，人们仿照龟仿照背上的纹理布局，构建一种关系很紧密的网状结构，这种布局有利于城池的发展。这种布局方式与今天的城市的棋盘结构的道路网相似。

3. 无形仿生

所谓“无形”，主要是从情感、内涵、精神等方面来取“象”。从园林角度来理解，“意境仿生”即取自然万物中的灵魂与生气来造园，使园林富有生气与活力。如扬州个园的春夏秋冬之石，春山柔媚而如笑，夏山苍翠而如滴，秋山明净而如妆，冬山惨淡而如睡，把石头之美表现得淋漓尽致。而拙政园的“听雨轩”和“留听阁”便是借“雨打芭蕉”和“雨打荷叶”的景象，营造象外之意。此种方式也是无形仿生的一种。

（二）留白手法

中国古代文学与艺术相互影响、共同发展。中国绘画与中国园林之间亦是如此。许多中国古代的绘画技法引入中国古代园林。如留白作为中国画中重要的艺术手段和中心环节，在传统园林中得到了充分的应用和体现。

1. 留白手法在中国古典园林中的体现

（1）意境的表达

传统的认知方式具有感性的特点，人们欣赏景物的时候总是容易带入自身的情感，触景生情，继而在对空间景物的感知过程中形成空间意境。人们对空间景物的感受和体验总是带有个人情感色彩。基于这种特点，传统园林也把促使游园者带入情感作为空间营造的一个重要目的。意境在园林中的产生，最重要的就是基于观者的想象力，通过对实的景观进行想象与再创造，实现由物质到精神的共鸣。园林中的留白也是通过观者的思索实现由小见大和从无到有。

留白在园林中营造意境的手段多样，造园者常在障景、借景之间留白。园林中虚实的交错，空间的变换和景观的重叠和遮挡，以及光线的遮挡都是通过留白来营造园林意境，使有限的园林空间、有限的园林建筑带给游人以无限的想象。

（2）虚实的结合

从整体的角度分析古典园林，其中的建筑就相当于中国画中的笔墨部分，是实的部分；其中的庭院相当于中国画中的留白，是虚的空间。人们在营造园林的虚实空间时，有意地利用建筑与景物的位置和体量来使虚实部分相互融合，形成虚实相接、虚中有实、实中有虚的整体效果，这就是渗透。人在园中的活动是动态的，人在园林中穿行，也是游走在这些虚实空间之中。庭院、天井、墙上的漏窗，半开的曲廊，水边的亭和水榭都可以看作是园中的留白。

以留园为例，人们在园的中部经“古木交柯”进入山水园，南侧由绿荫、明瑟楼和涵碧山房组成，其中空廊和槅扇较多，都是构成“虚”的要素。有虚自然有实，中部景区的东面就是由曲谿楼、西楼与五峰仙馆等建筑构成的建筑带，由于墙面的比重较大，形成了实的空间。这些实的空间与南侧形成虚实的对比，相互渗透，做到虚实相生、交互自然。同时，虽然南侧有虚的空间，但也加入粉墙充实，使其饱满立体；东部作为实的空间，却也在粉墙上留出门和漏窗，使空间流通。

（3）时空的留白

如果说虚实结合的手法营造出的空间是中国古典园林在三维空间上的留白的话，从四维空间上营造和欣赏中国古典园林景色则更接近传统的哲学观和宇宙观。宇宙本身是由“时间”和“空间”共同构成的。作为老子的精神世界之源，“道”的“周行而不殆”的生命跃动本身就具有时间性。中国的道家将时间意识和空间意识融合为一个整体：大自然的生命就像“道”一样，生生不息，它是时间性的，它的生成变化的活动又需要空间作为平台。在这种时间和空间一体化的观念中，时间意识和空间意识相互融合，但空间意识表现得明显，而时间意识显示得不太明显。时间意识需要通过具有建筑意识的空间来表现。园林通过对空间的处理，表达出融于自然的意境，表现出时间和空间融为一体的趣味。受大家时空意识的影响，中国古典园林通过“留白”手法来处理空间，来表现时空交融。可以说，中国传统的造园艺术精神所要表达的有限空间都具有相对性、流动性和变化性，并且能够与大自然的无限空间相融合、相贯通，追求的是达于宇宙天地的“道”。

2. 留白手法在现代景观规划中的体现

（1）虚实结合的留白空间

虚实结合是中国古典园林的一种重要造园手法。园林中的留白就是虚的部分。它同时也是一种藏景的手法，具有“此处无声胜有声”的艺术效果。“藏景”体现的是传统园林中的含蓄之美，在藏中引发观者的想象。苏州博物馆新馆也运用了这种虚实结合的藏景手法，对空间进行处理。在新馆的主入口处，设计者将入口、庭院、月亮门以及门后片石景墙安排在向北的纵向直线上，使空间的纵深达到近 100 米。人眼在半遮半透的纵向景观中，捕获的是一幅忽隐忽现的不完整的山水画，从而引发观者的想象和一探究竟的兴趣。当游人带着兴趣走进并通过月亮门时，视野豁然开朗，整幅山水画迎面而来，在整个过程中，游人体会到的是强烈的虚实对比，如同陶渊明在《桃花源记》中，穿过神秘的山洞，到达宁静古朴的桃花源时“柳暗花明又一村”的感受。另外，新馆中的戏墨堂也是一处容易被人遗忘的虚景。戏墨堂是位于新馆西北角的一处呈回字形布局的小型庭院。建筑师通过这处闹中取静的“园中园”，从人流如潮的展厅中划分出一处静谧的空间。游人在不经意中推门而入，呈现在其眼前的是静默枯寂的景观空间，与展厅内的情形形成动静之间的强烈反差。

（2）三维空间的二维留白

基于人的视觉特性，园林景观这一三维空间也可以被看作是由多个二维景面组合而成。这时，就可以将留白的手法融入每个二维景面的细节设计当中，从平面的角度，以壁当纸，草木作笔，描绘意境景观。苏州博物馆新馆的设计师贝聿铭又在这种手法上加入了极简主义的表现手法。人们进入苏州博物馆新馆，映入眼帘的便是那一组别出心裁的创意山水“图卷”。贝聿铭曾坦言：“古人用太湖石叠出的假山已经做到了极致，无法超越，这条路不能走，现在只能走新路。”这处创意山水，以白粉墙为画纸，以石为笔，模仿中国山水画的手法，描画出高低错落、无限绵延的山峦，这幅山水画临于水面之上，在水中投下倒影。山石之间的光影丰富了画的元素，使白墙前的片石更有立体感，仿佛画中笔墨加重处理的阴影部分，与米芾的《春山瑞雪图》所营造的意境十分相似。

（3）空间中的留白——庭院

贝聿铭先生曾说，中国园林建筑和民居中院落与室内空间不可分割的结合，园林中观赏路线的布置，都使人感受到从幽然僻静到豁然开朗的强烈对比，是世上所罕见的，是我们必须继承的优秀处理手法。贝聿铭先生肯定了院落在传统园林建筑中的必要性，因此，他设计苏州博物馆新馆时，大面积地采用园林庭院设计。馆中，建筑占新馆总面积的58%，其他的部分皆设计成庭院。新馆在整体布局上延续了“计白当黑”和“虚实相生”的传统造园思想。贝聿铭先生在规则用地的基础上，采用了以一个主庭院为重点，结合若干分散式的小庭院的巧妙布局方式。纵观庭院的总体布局，主庭院于建筑群中的位置是在整体上将建筑和环境相融合的关键。主庭院面积大约占新馆面积的五分之一，其中的水景作为主庭院中的重要元素，起到了拓展空间的作用，同时也是庭院平面布局中的留白部分。围绕着水景，建筑群落的各个部分也进行了留白的延续。建筑西侧有瀑布、荷花池，东侧有露天的庭院——紫藤园，南侧则有入口处的前庭，以及散落在展区间的小庭院，都体现了“虚实相生”的空间关系，丰富了建筑空间体验，仿佛时刻在提醒游人这是一座苏州园林式的博物馆。

（三）书法艺术

1. 书法与景观规划设计的历史

书法经历了几千年的演变与发展，已成为中华民族优秀传统文化的重要组成部分。它不仅形式丰富，而且蕴含着深厚的文化内涵，是中国文化的一种物质形态，也是文化传播的载体。小篆秀美匀整，隶书紧致优美，楷书端正典雅，行书潇洒活泼，草书诡妙多变。在中国古典园林景观设计中，书法艺术借助各种材质载体，将文字镌刻于山体、碑刻，或落墨于中堂、屏村、匾额、对联，通过静态的画面，释放丰富的内涵。可以说，中国书法是重新发现、重新使用和重新创作的山水画。

2. 书法的形式美原则及其在景观规划中的运用

书法的形式美是指书法的笔画线条在表现书法家内在气质性情的同时，展现出的外在的线型结构的美感。石涛的“无法而法，乃为至法”讲的即是书法的无限可变性。如《玄秘塔碑》运笔方圆兼施、刚柔相济、力守中宫，体势道健舒展，豪爽中透出秀朗之气。《神策军碑》无论运笔、结体还是通篇气势都极为精到老辣、神采飞扬。无论是书法家，还是景观设计师，都是以自己的艺术作品来表现“阳刚”与“阴柔”。“阳刚”倡导“丈夫之气”，强调“劲健之骨力”“雄强之骨势”，追求“雄浑壮伟”“奔放飞动”“劲健峭拔”的审美境界。“阴柔”侧重“中和”。线条是书法的物化形态，是书法形式美的起源，在中国书法中具有特殊意义，是美的意蕴最根本的承载物。研究探索书法的形式美只有从“线条”这个最基本的元素开始，才能“曲径通幽”。书法所营造的艺术线条在刚柔、擒纵、开合、虚实相生等变化对比中成型，充分发挥了中国毛笔、水墨及宣纸的特性，通过丰富的笔墨变化，呈现具有东方审美特质的艺术美感。上海豫园内的大假山，通过块块顽石堆砌，层峦叠嶂，洞壑深邃，使人有进入深山之感，既可远望，又可近观。每个石块都是整个景观的有机组成部分，而构成的线条又有“立体感”和“涩感”，又以蜿蜒曲折的小径显现整个假山块面的统一与变化。

书法的构图并不仅仅是形式问题，更是一种艺术境界，是中国传统文化的整体思维方式。“意造无法”的构图意象创造出“无法有法”的艺术空间。从细部到局部，从局部到全局，书法家所运用的一切手段都是为构图服务的。同样，中国古典园林景观的布局也体现了书法的构图，有些景观呈对称式分布，有些则呈自由式形状。如南京中山陵的景观风格中西合璧，采用了规整式的对称景观格局，雄伟的钟山与牌坊、陵门、碑亭、祭堂和墓室等，通过大片绿地和宽广的通天台阶，连成一个大的整体，既有深刻的含意，又庄严雄伟、气势恢宏。从空中往下看，整个陵区平面呈警钟形，规整而又有警钟长鸣、发人深省之意味。

书法构图创新的根本依据是对章法之理的把握。如果横平竖直字字独立，行行平行，便没有对比可言。中国传统的美学讲究自然有序，不合营构之理，势必大乱。顾盼有致，变化有序，才可大顺。章法中追求对比，目的在于达到形式的丰富。如巴蜀园林重天然野趣，充分利用地域的自然优势，把巴蜀山川的深邃、幽静秀表现得淋漓尽致；园林建筑不拘一格，使造型与地貌相协调，着色和选材极富地域特色，具有趣味性和可读性；格调质朴素雅，更兼古韵野趣。

在章法的营构中，墨色空间与空白空间的有效交融，体现出阴阳相交的生命意识。书法作品所表现的空白形式空间可分为少字类形式空间和多字类形式空间。少字类形式空间以浓淡墨的肌理或字义的形象化进行创造，以墨色与空白的对立进行建构。如颐和园昆明湖地势平坦，所有的河湖均由人工开凿而成，水面占全园面积的一半以上，它们之间以曲折的河道连贯，结合堆山、积岛、修堤，营造江南水乡风情。十七孔桥便是其中最为显眼的建筑物，犹如书法中的“撇与捺”，是在大片空白的水面空间中增添的一笔，构成一个“宛自天成”的自然环境，有力地强化景观的空白效果，突出桥线所占空间与空白空间的对比。多字类形式空间对每行字的走势、长短、字数的多少、行与行之间的空间留白作了符合全局形式的营构。

3. 书法艺术与城市景观设计艺术的关系

书法艺术体现了“书中有画”的意境美。无论是书法创作还是景观设计，都来源于人的情感表达。景观的“意境”来自设计者对自然风景的观察，运用智慧与情感，体现个人对生活的态度，并追求以人为本。景观设计艺术和书法有着某些共同的特性和创作原则。

从甲骨文的笔画结构中可以看出一种古朴和谐、对比统一的美感；从楷书的筋骨中，我们可以看出端庄、严谨的美感；从行书的运笔走势中，我们可以看出行云流水的意味；从草书的墨色飞舞中，我们可以看出舞剑的风姿、书法的书写意识等。从审美和设计思维的角度看，书法所注重的对比、均衡、对称、和谐、节奏等美学形式也在景观设计中有所体现。优秀的景观设计可以使杂乱无章的生活环境变得有条有理。合理的空间尺度、完善的环境设施使人在提高生活效率的同时，还给人以美好的精神享受。古人评书法有这样的话："有功无性、神采不生；有性无功，神采不实。"景观设计同书法创作一样，追求"形神兼备"。泰山顶亭联：四顾八荒茫天何其高也，一览众山小人奚足算哉。此联极为深刻地表现出人们立于山顶观望景色的一种心境。山石轮廓起伏舒卷，水流蜿蜒曲折，植物枝干苍劲有力，无不勾勒出中国景观独特的书法意趣。

在城市景观设计中，书法的"干湿"主要体现在不同材质的交叉运用上。在节奏起伏中，城市景观设计以快速的平铺摩擦，使线条具有"涩"的力度与厚度，使整个设计与自然界中存在的明暗、黑白、虚实、阴阳关系形成一种对应，从线的相对平面感走向富有层次的立体感，传达出景观的"凹凸之形""高低晕淡，品物浅深"。

在当今文化互动融合的时代，应将书法艺术和城市景观设计理念相结合，通过对书法艺术的"再生"，创造出富有中国文化意蕴的设计作品。我们应更好地挖掘本民族的文化财富，为景观艺术设计服务。

第一节　城市绿地系统的功能和效益

一、城市绿地系统的功能

（一）生态功能

1.净化空气

大气污染是城市环境污染的主要问题之一。有害物质进入大气，对人类和生物造成危害，如果不加以控制和防治，将会严重破坏生态系统和人类生态条件。造成大气污染的物质主要有：一氧化碳（CO）、二氧化碳（CO_2）、二氧化硫（SO）、氮氧化合物等以及烟尘、花粉、细菌等。大气污染的主要来源有两方面：一是自然，如火山喷发、森林大火等；二是工业企业，这是大气污染的主要来源。如煤和石油等重要的工业燃料燃烧时排放的有害物质，以及生产过程中排放的烟尘废气，还有交通运输如汽车、火车、飞机、轮船等交通工具对环境造成的污染，这些都会直接危害人们的健康。

提高城市环境质量的途径：一是减少污染源；二是提高城市绿地面积，建立合理的城市绿地系统。排放到大气中的污染物最终是依靠自然界的自净能力处理的，即对于不超过环境容量的进入环境中的污染物，经过各种自然分解、稀释后，可使环境保持并恢复原来的状态，同时使生态平衡不致被破坏。绿色植物不仅可以吸收土壤中的某些物质，吸附空气中某些有害物质和粉尘，而且可以吸收空气中的二氧化碳，向空气中释放氧气。因此，主要由绿色植物构成的绿地对空气、水、土壤的净化作用是非常重要的。

树木吸收二氧化碳的能力比草地更强。空气中的氧气主要来自森林。北京市园林科研所的一项专题研究显示：北京市建成区的园林绿地日平均吸收二氧化碳3.3万吨，释放氧气2.3万吨。不同类型绿地日平均吸收二氧化碳、释放氧气的结果是不一样的，见表4-1所列。

表4-1　不同类型绿地日平均吸收二氧化碳、释放氧气量

绿地类型	面积（m^2）	绿量（m^2）	吸收 CO_2（吨／天）	释放 CO_2（吨／天）
居住区	1639.37	147206153	1858	1239
专用绿地	6464.12	584265145	9856	6955
片林	2177.43	51815379	863	612
公共绿地	4066.41	490815140	8206	5728
道路	4190.95	354842244	6196	4291

由此可见，城市绿地系统在维持和改善区域近地范围内的大气环境中起到至关重要的作用。一般情况下，在微风条件下，城市郊区绿地的合理布局是解决问题的关键。此外，林带越高，层次搭配越合理，过滤效果越好。

2. 改善城市小气候

小气候主要指地层表面属性所造成的局部地区气候，其影响因子除太阳辐射和气温外，还包括小地形、植被、水面等。植被对地表温度、湿度及小区气候的温度、湿度影响尤其显著。人类大部分活动是在离地面2m的范围内进行的，对这一层小气候条件的改造，直接影响着人们的生活环境的舒适程度。

（1）绿地对温度的影响

植物可以吸收太阳辐射热。一般来说，舒适的条件是气温为18℃~24℃，相对湿度为30%~60%。夏季，南方某些城市气温高达40℃以上，空气湿度

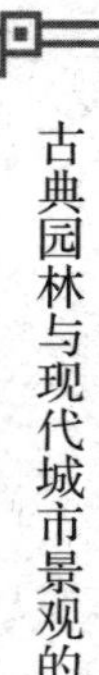

又很高，人们会感到闷热难忍。而在与其同纬度的森林中，环境则往往清凉、舒适，这是因为太阳照到树冠上时，有30%~70%的太阳辐射热被吸收。植物的蒸腾作用可以消耗大量热能，每公顷生长旺盛的森林每年要蒸腾8000t水，蒸腾这些水分要消耗热量167.5亿KJ，森林上空的温度因此降低。

草坪也有较好的降温效果。当夏季城市气温为27.5℃时，草地表面温度为22℃~24.5℃，比裸露地面低6℃~7℃，比柏油路表面低8℃左右。城市由于下垫面的构成与市郊、农村不同，加上城市由高楼形成的空间结构的特性，造成晴天下午到上半夜经常出现城市的气温高于郊区的现象，即热岛效应。由热岛效应造成的城市风加重城市大气污染。城市绿地对于减弱城市热岛效应的危害具有很大意义。在良好的城市规划和城市绿地布局条件下，在无风的天气下，绿地的稀释、过滤作用可以大大降低城市的大气污染（详见图4-1）。

图4-1　城市建筑地区与绿地之间的气体环流示意图

（2）绿地对空气湿度的影响

森林及绿地中有很多的花草树木，其叶表面积比其占地面积要大得多。由于植物的蒸腾作用，大片的树木如同一个小水库，使林多草茂的地方雨雾增多。因此，夏季森林的空气湿度比城市高38%左右，绿地中的空气湿度比城市高27%左右。而冬季，绿地里的风速小，蒸发的水分不易扩散，绿地里的湿度普遍高于其他地区。春天树木开始生长，从土壤中吸收大量水分，然后蒸腾散发到空气中，从而使农田防护网内的相对湿度比没有树木的地方的相对湿度增加了20%~30%，可以有效缓和春旱，有利于农业生产。

（3）绿地对气流的影响

绿地可以降低风速。当气流穿过绿地时，树木的阻截、摩擦和过筛作用将气流分成许多小涡流，这些小涡流方向不一，彼此摩擦，消耗了气流的能量。因此，绿地的树木能使强风变为中等风速，中等风速变为微风，而且绿地平静无风的时间比无绿地地区平静无风的时间要长。绿地地带降低风速的影响范围是其高度的10~20倍。另外，防风林还可以改变气流运动方向和速度。因此，加大工厂区绿地造林力度，并在工厂与农田之间建造防护林带，对减轻和防止烟气危害农田，防范风、旱、涝等多种自然灾害，保证农作物的正常生长有重要的意义。绿地系统还可以促进城市气流交换，增加城市空气的交换次数。城市中的带状绿地是城市的“绿色通风道”，它将郊区的空气引入城市中心，从而大大改善市区的空气质量和通风条件。

3. 降低城市噪声

（1）环境噪声

①交通运输噪声，主要包括机动车辆、铁路、航空噪声等。街道上机动车辆的噪声除本身的声源外，还与街道的宽度和建筑物的高度等因素有关。

②工业噪声，主要来自所动源（如鼓风机、锅炉、空压机等）和根动源（如锻锤、铆枪、机床等）。这种噪声对工人和附近居民影响较大。

③社会噪声，主要指生活和社会活动场所的噪声。这类噪声虽然强度较小，但波及面广，影响范围大。噪声影响人们正常生活、休息，降低人的工作效率，同时会引起人体的各种不适甚至是疾病。

（2）控制噪声措施

①合理布置城市绿地。研究表明，植物对噪声具有散射和吸收的作用，进而可以减弱噪声的强度。目前，一般认为噪声波被树叶向各个方向不规则反射而使声音减弱，同时噪声波造成树叶微振而使声音消耗。因此，树木减噪因素的关键是林冠层。树叶的形状、大小、厚薄、软硬，叶面光滑与否，以及树冠外缘凹凸的程度等，都决定了减噪效果的优劣。

②合理规划和设计城市林带结构。城市林带结构以乔、灌、草结合的紧密林带为佳，阔叶树比针叶树有更好的减噪效果，特别是高绿篱防

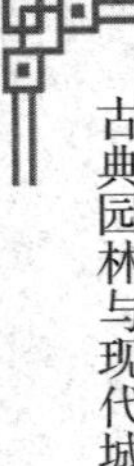

噪声效果最佳。因此，科学布置绿地带、建造防噪林带等对减弱噪声能起到相当大的作用。

4.保持水土

植物对保持水土有非常显著的功能。植物本身需要大量的水分，茂密的树冠不仅能积蓄一定量的雨水，而且能有效地减缓雨水对地表的直接冲刷。同时，植物发达的根系在土壤中蔓延，能够紧紧地“拉住”土壤，从物理结构上防止土壤流失。树林下一般都有大量落叶、枯枝以及苔藓和其他一些地被植物，它们能像海绵一样吸收大量的水分。这样便能减少地表径流，降低流速，增加渗入地中的水量。此外，地表温度的急剧变化也是造成水土流失的原因之一。如果地表有植被覆盖，可适当降低土壤温差的幅度，保护土壤免受风蚀。

（二）游憩功能

尽管城市绿地系统很大程度上是人工创造的，但是它毕竟是一种“自然要素”，在坚硬的都市建筑环境中营造舒展、自然的气氛，使都市充满生机和活力，为所有人共享。面对这样的环境，人们似乎更容易变得松弛而单纯。城市绿地系统与景观为全体公众所使用，同时，完备发达的城市绿地系统还能将自然要素有机地引入城市，从而使人与自然和谐相处。

1.陶冶情操

城市的绿地系统是一种人性化的“自然”，优美宜人的环境能陶冶性情。城市绿地环境的这一作用是我国园林绿地的传统功能，如中国传统园林文化中常把某些植物视为人类高尚品德的象征。中国传统园林中的“文人园林”，其造园的宗旨并非单纯为了生活享受，而在于以泉石养心怡性、培养高尚情操。园林绿地对于人的品格的影响可与诗画相提并论。在这样的思想指导下，中国古代园林绿地也自然地成了使人“淡泊以明志，宁静而致远”的最理想的场所。

现代城市绿地除了承袭古典园林养性怡情的功能之外，还加入了许多适合大众的内容：开散自然的空间、田园乡村般的景观使常居都市的人们也能接触到充满生机的绿色自然；丰富多样的植物美化了环境，让人感受到季相更迭，感受到岁月变迁。公共绿地中设置的科普教育、文化娱乐场所如宣传橱窗、露天剧场、书画室、棋室、音乐茶座，以及其他公共设施，可以用于开展多种形式的活动，丰富公众的文化生活，使人们在清新的自然环境中放松心情，享受生活；公共绿地环境中的展览馆、陈列馆、纪念馆、博物馆等可以使人们在参观中了解到自然科学、社会科学等知识，从中受到教育；动物园、植物园、水族馆等专类公园能够直观、生动地让人们尤其是孩子们了解大自然的奇妙，从而使他们从小就树立热爱科学、热爱自然、保护环境、爱护家园的意识。公共绿地空间也是集体活动的最好场所①。在这里，大家通过活动，可以深入接触，增进友谊，特别是可以减少老年人的孤独感，也可使成年人缓解压力，振奋精神，提高工作效率。

2. 文化功能

城市的文化特色是城市历史积淀、发展更新的表现，同时也是人类的居住活动不断适应和改造自然环境的反映。它是城市绿地景观、城市社会行为、观念和城市性质的总体反映。在城市文化特色中，城市绿地系统是城市文化特色的自然本色，是塑造城市文化特色的基础。同时，城市绿地系统是人为的自然系统，也包含了社会文化因素，具体体现在参与形成历史景观地带、建立城市特色景观、营建纪念性场所、体现城市文化个性等方面。

3. 娱乐健身

目前，我国大多数城市公园绿地都设有大量的健身娱乐设施。儿童活动区除了常规的秋千、滑梯，有些地方还设有训练孩子的智慧和勇气的具有创造性或冒险性的游戏玩具。有些城市得天独厚的自然条件本身也为公众提供了良好的娱乐健身环境，如北京香山由于自然环境优美，空气清新，交通便利，吸收了大量游客。

现代城市的生活压力常使人感到紧张和疲劳。紧张是人们对压力或危及身心健康的一种心理反应。国内外近年来也对植被缓解紧张情绪进行了研究。心理调查研究分为室外环境和室内环境。首先，将紧张考试

① 王智诚．城市公园中开敞式草坪空间使用情况及游客满意度评价[D]. 合肥：安徽农业大学，2018.

后的学生分为两组，让他们分别观看无植被的城市景观和郊野自然景色幻灯片。观看后的结果分析发现，观看郊野自然景色幻灯片明显消除了学生的紧张情绪。生理测定也表明植物能够缓解紧张情绪。

（三）景观功能

1.城市景观与绿地环境

城市景观是城市给人们的总体印象和感受，这种印象和感受来自构成城市的物质形态和自然形态。影响城市景观的因素很多，可以是城市硬质的建筑景观，也可以是软质的城市绿地系统；可以是基址上的自然环境景观，也可以是历史形成的人文景观。城市的绿地系统对于城市景观的影响不可低估。发达的城市绿地系统是形成良好城市景观必不可少的。城市景观不仅要有良好的建筑空间，还要有便捷的道路交通系统，更应该有与自然地形地貌良好结合，发达完善的宜人的城市绿地系统。如我国的海滨城市青岛，历史及自然元素融合而形成的城市景观给人们留下了美好而深刻的印象——高低错落的山丘之中，独特的建筑掩映在葱茏的绿荫中，显得亲近可人、生机盎然。

2.城市绿地系统对城市景观的影响

①城市景观是城市自然要素和人工要素的组合。城市景观设计是以土地资源、历史文化资源、建筑资源、植物资源等的功能运用为基础的。要创造出优美的、文化的、自然的、丰富的城市景观空间，首先应研究它们的功能特性及应用，研究城市地形环境的具体特征，将其作为城市景观空间的组成部分，在此基础上，确定城市建筑、公共绿地的布局及城市保护地段现状等。

城市绿地系统对城市景观的影响是不容忽视的。从整个系统来看，城市绿地系统就是某种程度上的人文景观，因为城市绿地系统是人为地干预城市所在地区内部及周围的自然环境的结果。如杭州西湖，历代官员都组织人力对西湖进行疏浚，堆置了白堤、苏堤等堤岛，丰富了西湖的景观层次，奠定了西湖自然山水景观的基本布局。

②从城市绿地系统内部来看，大到公园，小到一棵树，甚至是保留下来的原有植物，城市绿地无一不是人工的作品或经过人为的处理，随着岁月的流逝，它们自然地成了真正意义上的人文景观。人们常说没有

古树的城市就是没有历史的城市，计成《园冶》中提道：“雕栋飞楹构易，荫槐挺玉成难。”时间可以使殿宇楼阁化成风中尘埃，而参天的古木却可以用大自然赋予的生命彰显历史。另外，景观区域的相对独立也缓和了古木与周边现代建筑所产生的冲突，大大提升了城市形象。

城市绿地系统是耗能巨大的人工系统，单靠城市内部本身的绿地难以平衡整个城市的生态系统，但它却是维持城市可持续发展必不可少的。因此，针对城市景观的生态学特征，我们可以大力增加城市内部及周边地区绿地与数量扩大其规模，使其分布更加合理，同时大力发展以河流水渠为纽带的带状绿地，从而使城市景观生态要素中的板块、廊道结构更加合理，并与自然状态下的生态系统结构相结合，平衡城市景观生态，增加城市生物多样性，使城市绿地系统能够对城市生态学意义上的景观有所贡献。

二、城市绿地系统的效益

城市绿地系统的经济效益包括直接经济效益和间接经济效益。直接经济效益主要来自农业的绿地生产收入与各种园林绿地的旅游收入。前者主要通过在城市中发展都市型农业、开辟果园、进行药材生产、开设花卉苗圃等取得直接的经济效益，后者主要通过收费公园、娱乐场所的旅游收入获得。由于城市绿地系统建造的主要目的是取得生态环境效益和社会效益，故其经济效益大多不是直接取得的，而是通过生态环境效益和社会效益在全社会中产生的经济价值来间接取得。

国内外有专家提出了“绿化经济链”理论，认为以绿化为主体的生态环境的改善，必将同时改善城市经济发展环境，使经济充满活力。经过有效的经营手段和途径，可以将环境优势转换为经济优势，带动周边地区商贸、房地产、旅游和展览业等第三产业的快速发展。城市也可以利用高质量的生态环境提高城市知名度，带动整个城市的有形资产和无形资产增值，并有利于吸引外资。这样的城市还能形成对周边地区的集聚和辐射能力，促进区域经济的发展。绿化经济链的构建，进一步论证城市绿化能产生巨大的生态经济效益，是形成经济与环境协调发展的快速通道，在经济、社会、环境的可持续发展中起到重要的作用。

（一）推动 GDP 增长，带动相关产业发展

经济在长期高速增长，创造越来越多的物质财富的同时，也造成了较大的环境污染。环境污染带来的生态环境损失在很大程度上抵消了经济增长的成果，对经济的长期持续发展和社会福利的持续提高产生了越来越大的负面影响。

城市绿地系统规划是以恢复区域生态类型、改善生态环境条件、维护生态平衡，提供科教场所和满足当前及未来人们生活更高需求为目标的一项社会公益性工程，它产生的生态效益和社会效益对社会发展有重大影响。

城市绿地系统属于城市基础设施的一部分。绿地建设作为城市经济发展中不可或缺的重要产业，被视为城市经济产业的有机组成部分。大姚县的绿化建设可带动草坪工业化生产、园林建设开发、机械养护生产等产业，形成新的产业体系，同时可以增加就业机会，影响其他产业的发展，所以绿化建设作为一种高效益的经济活动，亦被纳入城市经济发展的良性循环。

（二）提升周边土地价值

公园及小游园的建设，将显著改善公园周边地区的环境条件，从而提升周边地区的土地价值。许多购房者都把楼盘旁边是否有大型绿地作为购房首选。新楼尚未开盘，植草种树先行，已成为房地产商之间悄悄传播的期房销售秘诀。

（三）美化城市和区域形象

城市和区域生态环境条件已不仅仅是人类生存的基础，也是城市和区域的形象，更是提升城市竞争力的重要因素。城市或区域形象及竞争力是一个相对指标，由于缺乏相似区域比较，很多城市的绿地系统规划对提升城市或区域竞争力的影响难以作具体测算，只能以相关的研究和资料来说明其作用。

（四）吸引外资

城区的绿化水平往往反映了城区规划者的文化素质和管理水平，并成为影响外资流入的一个重要因素。优美的投资环境会增强对外商的吸引力，为城市的经济建设注入活力。来中国投资的外商最关注三个问题：一是中国的巨大市场，二是中国相对低廉的劳动力，三是生态环境状况。外商在选择投资地点时，对环境的要求有逐年上升的趋势。国内的许多城市在市场及劳动力方面的实力常不相伯仲，差别之处就在于环境质量上。城市在加大招商引资力度方面仅仅靠经济上的优惠政策还不足以构成对外商的强烈吸引力，改善投资环境才是效果持久、影响深远的举措。

第二节　城市绿地的分类及用地选择

一、城市绿地的分类

（一）城市绿地分类的原则依据和方法

1.城市绿地分类的原则

本书认为城市绿地分类与命名需遵循以下五项原则。

①科学性

城市绿地类型的划分必须是科学的，各类绿地应具有明确的功能与统一的空间属性特征，且概念清楚，含义准确，内容不相互交叉。

②全面性

各类绿地应全面地反映城市系统的组成，包括城区、近郊及远郊范围内的所有绿地。

③协调性

我国现行城市规划用地分类中属于绿地的部分应相应地列入城市绿地类型，有利于专项规划与总体规划的协调统一。

④实用性

这是指城市绿地分类与命名应基本适应各地大中城市和小城镇的情

况，适应现代统计和计算方法，绿地种类的技术指标能直接反映出城市绿地建设及环境质量水平，具有横向和纵向的可比性，可操作性强。

⑤大众性

各类绿地的名称除了具有明确的概念、含义外，还必须是大众化的词语，通俗易懂，易被广大群众理解和接受。

2. 城市绿地分类方法和依据

城市绿地分类方法主要根据组成绿地系统的内容以及城市绿地规划建设和管理的实际需要而定，既要科学，也要简单易行，便于操作。

城市绿地分类的依据有多种，如位置、范围、服务对象、功能和空间属性等。城市绿地分类是为绿地系统规划建设和管理服务的，作为城市绿地系统的一个组成部分，每一类绿地的主要功能都应区别于其他绿地类型。各类绿地的性质、标准、要求各有不同，并且能够通过简单的统计和计算，反映出城市绿地建设的不同层次和水平。因此，我们认为以主要功能作为城市绿地类型划分的依据是最合适的。

（二）城市绿地分类

根据城市绿地的含义，各城市绿地系统的组成情况以及城市绿地分类的原则、依据和方法，我们认为可将城市绿地分类如下。

1. 园林绿地

（1）公园绿地（城市综合性公园、专类公园、主题公园、居住区公园、街头小游园、花园广场、纪念公园、森林公园等）。

（2）防护绿地（防风林、防沙林、卫生隔离林、水土保持林等）。

（3）风景名胜与自然保护区绿地。

（4）庭园绿地（居住区、企事业单位、政府及其他社会机构等的庭园绿地）。

（5）交通绿地（城市公路、街道、交通枢纽等环境绿地）。

2. 农林生产绿地

（1）农业用地（城市范围内的粮油菜地、花木苗圃、草地、鱼塘等农牧渔生产绿地）。

（2）林业用地（城市范围内的用材林、薪炭林、经济林等林产绿地）。

（三）城市园林绿地的含义和空间属性

1.城市园林绿地

城市园林绿地以改善城市自然生态和生活环境为主要目的，是现代城市生活和生产不可缺少的组成部分，也是城市绿地系统的主要组成内容，具有稳定持久的环境、社会和经济效益。

（1）公园绿地

公园绿地是指相对集中独立的、对公众开放的、具有游憩功能的绿地。其规模可大可小。根据我国目前公共绿地统计标准，公园绿地宽度应不小于8m，面积不少于1000 m^2，绿地空间明确完整的园区形态为其主要特征，并且具有一定的文化与生活设施，对公众开放，具备改善生态环境、美化市容、满足生活使用等多种功能。公园绿地是城市绿地系统中一个重要的类型和主要组成部分，其技术指标直接反映了城市绿地建设水平、环境与居民生活质量。因此，各国城市公园绿地规划建设都有特定的指标要求。目前，我国的基本指标（《公园设计规范》）是：以上各种公园绿地中，园林植物的种植面积必须 > 园林面积的65%，其中综合性文化休息公园、综合性动物园、其他各种专类公园的植物种植面积 > 园林面积的70%，综合性植物园及风景名胜区的植物种植面积 > 园林面积的85%。这里将公园绿地取代公共绿地，将居住区公园、小游园纳入公园绿地，打破了过去居住区公园绿地与城市公园绿地并列，且各地城市公园绿地指标统计不一致的局面。

（2）防护绿地

防护绿地是指以改善城市自然条件、卫生条件及防灾避难为主要功能的绿地。它具有独立的空间形态，即为限定性绿地空间，通常呈片状或带状分布于城市周围或若干地段，对城市环境起到整体性或区域性保护，可以防止或减轻环境灾害的产生，显著提高和改善城市生态环境质量。这类绿地具有特定的防护功能，其指标高低在一定程度上反映了城市抵御各种自然灾害及整体环境保护能力的大小。

（3）风景名胜与自然保护区绿地

风景名胜与自然保护区绿地是以城市范围内大面积的自然山水、森林、湿地、风景林地等为主要内容的绿地，配备一定设施后，可供游览休息，适时对公众开放。

（4）庭园绿地

庭园绿地是指分散附属于居住区、各单位庭院与私人住宅，以美化人工建筑设施环境为主要功能，不公开或半公开的绿地。庭园绿地在城市中分布最广、面积较大，且分散性很强，主要改善和美化以建筑设施为主的庭园环境，直接为种类生产、生活服务，所以有时也被称为专用绿地。就空间形态而言，这类绿地多围绕各种建筑设施展开布置，在城市用地中属于非独立性用地。

庭园绿地指标反映了城市普遍环境质量水平。不同性质的庭园绿地，规划指标要求也不相同。

（5）交通绿地

交通绿地是指城市道路等交通运输用地中的附属绿地。其主要功能是改善城市交通环境，美化市容市貌，降低污染，提高城市环境质量以及组织交通、保护路面等。交通绿地规划也具有一定的指标要求。

2. 农林生产绿地

农林生产绿地是指以第一产业经济的形式存在于城市范围的绿地。这类绿地虽以发展农、林、牧、渔等产业经济为主要功能和目的，但它们在一定时期内具有调节城市生态环境的作用，可视为城市绿地系统的内容之一。它是城市绿色体系的有机组成部分，为保护和改善城市整体生态环境发挥应有的积极的乃至关键的作用。这也是当今世界“田园城市”运动和城乡一体化发展的重要内容之一。

二、各类城市绿地的用地选择

城市公共绿地、防护绿地、生产绿地与城市的地形、地貌、用地现状和功能关系较大，必须认真选择。街道、广场、滨河绿地、工厂区、居住区、公共建筑地段上的绿地都是具有各自属性的用地，一般无须选择。

（一）公共绿地的选择

1. 应以各种现有公园、苗圃等绿地或现有林地、树丛等加以扩建、充实、提高或改造，增加必要的服务设施，不断提高园林艺术水平，适应城市发展与人民群众生活的需要。

2. 要充分选择河、湖所在地，利用河流两岸、湖泊的外围，创造带状、环状的公园绿地；充分利用地下水位高、地形起伏大等不适宜于建筑而适宜绿化的地段，创造丰富多彩的园林景色。

3. 选择名胜古迹、革命遗址等，配置绿化树木，既能提高城市绿化程度，又能起到教育广大群众的作用。

4. 结合旧城改造，在旧城建筑密度过高地段，有计划地拆除部分劣质建筑，将其建设为公共绿地、花园，以改善环境。

5. 要充分利用街头小块地，"见缝插绿"，开辟多种小型公园，方便居民就近休息赏景。

（二）生产绿地的选择

城市园林绿化的生产用地，占地面积较大，不能多用良田。生产绿地宜在郊区选择交通方便、土壤及水源条件较好的地方，既有利于育苗管理，又有利于苗木生长。

（三）防护绿地的选择

1. 防风林

防风林应选城市外围上风向与主导风向位置垂直的地方，以阻挡风沙对城市的侵袭。

2. 卫生防护林

卫生防护林应按工厂有害气体、噪声等对环境影响的程度，选定有关地段，设置不同宽度的防护林带。

3. 农田防护林

农田防护林应选择在农田附近、利于防风的地带，营造林网，形成长方形的网格（长边与常年风向垂直）。

4. 水土保持林带

水土保持林带应选河岸、山腰、坡地等地带，种植树林，固土、护坡、含蓄水源，减少地面径流，防止水土流失。

（四）郊区风景林地

郊区风景林地尽可能地利用现有自然山水，根据地形、地貌、植被条件，规划风景旅游、休养所、森林公园、自然保护区等。

三、城市园林绿地的布局形式

（一）城市园林绿地的布局形式

1. 块状绿地布局

块状绿地是在城市规划总图上，使市、区公园，花园，广场等园林绿地呈块状或点状均匀分布在城市中（图 4-2）。这种形式具有布局均匀，接近并方便居民使用的特点。但因绿地分散独立，各块绿地之间缺乏联系，对构成城市整体艺术面貌的作用不大，也不能起到综合改善城市小气候的作用。块状绿地布局形式多在旧城改建中采用。

图 4-2　块状绿地

2. 带状绿地布局

带状绿地多数是利用河湖水系、城市道路、旧城墙等因素，形成纵横向带形绿带、放射状绿带与环状绿地交织的绿地网，主要包括城市中的河岸、街道、景观通道等绿化地带以及防护林带。带状绿地的特点是能充分结合各城市道路、水系、地形等自然条件或构筑物形状，将城市分成工业、居住、绿地等若干区块（图 4-3）。这一类型的绿地布局灵活，可起到分割城区的作用，具有混合式的优点。带状绿地布局有利于改善和表现城市的生态环境风貌，对城市景观形象和艺术面貌有较好的体现。

这种绿地形式将市内各绿地相对地加以集中，形成带状，比较适合于大城市。

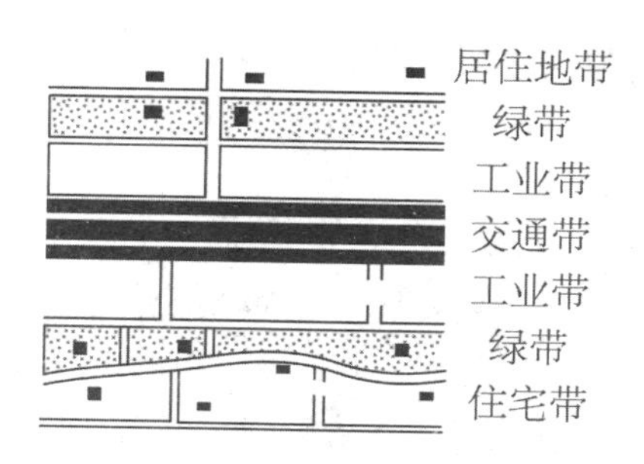

图 4-3 带状绿地

3. 环状绿地布局

环状绿地是围绕城市内部或外缘，布置成环状的绿地或绿带，用以连接沿线的公园、花园、林荫道等绿地（图 4-4）。这种绿地的特点是能使市区的公园、花园、林荫道等统一在环带中，使城市处于绿色环抱之中。但在城市平面布局上，环与环之间联系不够，显得孤立，市民使用不便。环状绿地布局一般多结合环城水系、城市环路、风景名胜古迹来布置。

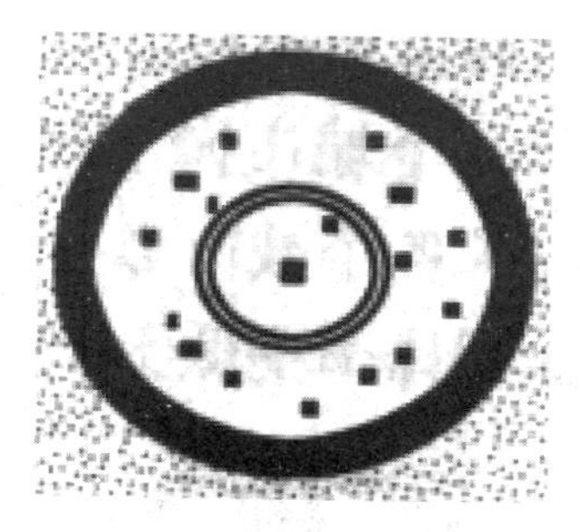

图 4-4 环状绿地

4. 楔形绿地布局

楔形绿地是以自然的原始生态绿地（如河流、放射干道、防护林等）为纽带，由市郊楔入城区，呈放射状的绿地（图 4-5），因反映在城市总平面图上呈楔形而得名。这种绿地一般多利用城市河流、地形、放射型干道等，结合市郊农田和防护林来布置。其特点是方便居民接近，同时

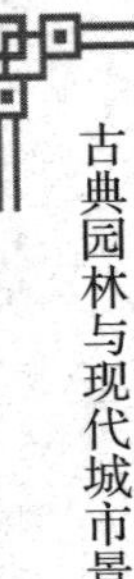

有利于城市景观与自然环境的融合，能提高空间质量，对城市小气候有较好的改造作用，且将市区与郊区或临近发展轴线联系起来，绿地直接伸入中心。但它很容易把城市分割成放射状，不利于横向联系。

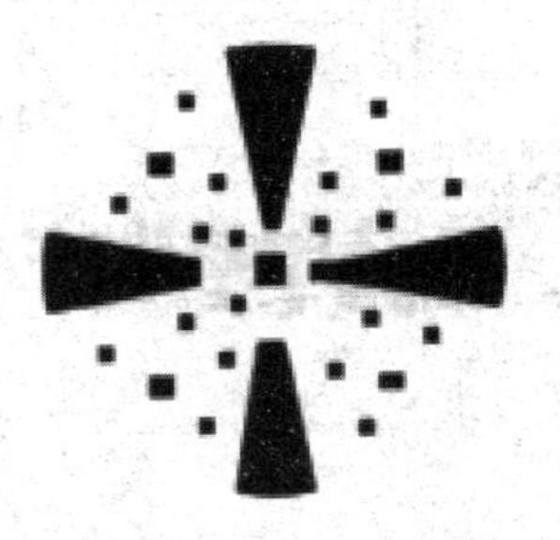

图 4–5　楔形绿地

5. 混合式绿地布局

混合式绿地为前三种形式的结合利用，是结合利用几种绿地系统结构，使城市绿地呈网络状综合布置（图 4–6）。此类绿地的特点是能较好地体现城市绿化点、线、面的结合，形成较完整的城市绿化系统。其优点是能够使生活居住区获得最大的绿地接触面，方便居民游憩和进行各种文娱体育活动，有利于就近地区气候与城市环境卫生条件的改善，有利于丰富城市景观的艺术面貌；与居住区接触面大，方便居民散步、休息和使用。它既能通过带状绿地和楔形绿地与市郊相连，又能加强市区内的横向联系。这种形式使绿地的联系密切，整体效果好，有利于城市通风，并能综合发挥绿地的生态效能，改善城市环境。现在我国的城市园林绿地系统规划多采取这种布局形式。

图 4–6　混合式绿地

每个城市有各自的特点和具体的条件，不可能有适应一切条件的布局形式。所以，规划时应结合各市的具体情况，探讨最合理的布局形式。

以成都市为例。成都市立足新的历史方位和历史担当，把握新的发展方向，贯彻新的发展理念，编制了新一轮的《成都市公园城市绿地系统规划》，全面提升城市绿地规划建设水平。本次规划期限为2019—2035年，近期到2025年，远期到2035年，远景展望到2050年。依据《成都市城市总体规划（2016—2035年）》（在编），本次规划范围确定为市域和中心城区两个层次。市域包括锦江、青羊、金牛、武侯、成华、龙泉驿、青白江、新都、温江、双流、郫都11区，简阳、都江堰、彭州、邛崃、崇州5市和金堂、新津、大邑、蒲江4县，面积为14335平方公里。中心城区为所有市辖区（锦江、青羊、金牛、武侯、成华、龙泉驿、青白江、新都、温江、双流、郫都11区），面积3677平方公里。

通过加强对全域森林、湿地等生态资源和生物多样性的保护，强化"两山、两网、两环、六片"的市域绿地系统结构，形成覆盖全域、城乡一体的网络化布局模式。其中：

"两山"为龙门山和龙泉山；

"两网"为岷江水系和沱江水系；

"两环"为环城生态区和第二绕城高速路两侧生态带；

"六片"为六个防止城镇粘连发展的功能明确的生态隔离区，包括都彭生态区、崇温生态区、邛蒲生态区、龙青生态区、天府生态区和金简生态区。

（二）城市园林绿地的布局手法

1. 制订城市绿色空间系统建设总体目标

我们应在调查研究基础上，制订城市空间系统在不同发展时期的生态环境质量、绿化水平、社会服务、特色风貌等目标；借助"3S"等新技术，在定性基础上逐步高度定量化，使目标体系具有可操作性。

2. 城市人群休闲行为的研究与预测

规划者应对城市居民和外来旅游者进行调研和趋势预测，内容包括：

①价值观、心理需求、文化取向；②人口规模、人口特征（年龄、职业、性别、消费等）；③人群在城市绿色空间系统中流动、集散、停留时间等规律；④休闲方式选择与休闲文化取向。

3. 绿色空间序列规划

规划者应对城市空间进行调整，形成“点型、带型、场型空间”相结合的空间系统。绿色空间包括公共绿地、城市滨水地带、运动场、游乐园、城市广场、主要街道、大型建筑庭院、居住区绿地、防护绿地、生产绿地等。规划要从用地规模、空间规模、空间序列组织、空间视线、环境效益等方面进行综合研究，做出定性、定量规划。

4. 绿色空间功能规划

绿色空间功能包括生态效益功能、活动利用类型（游憩、娱乐、运动、集散、停留、展示、分隔、交通等）和人群交通、文化艺术表述等各项功能。规划要对城市各主要空间做出系统的主次功能认定。

5. 绿色空间系统特色风貌规划

规划者应在总体特色风貌目标控制下，进行绿色主要空间艺术风格、文化主题等方面的规划。

6. 绿化规划

基于各空间功能、生态指标、建设条件，对“点、带、场”空间进行全面的绿化指标控制，确定各空间绿化指标时效要求。绿化指标包括绿化覆盖率、绿地率、绿视率、叶面积系数等。绿化规划要对各主要空间植被特征加以规划。

7. 空间环境规划

空间环境规划应对城市主要绿色空间环境的人口容量进行测算，制订小生态环境目标（空气、湿度、温度、土壤、尘、噪声、风等）和环境保护治理措施。

8. 城市绿色空间系统与区域生态系统的关系

城市绿色空间系统与区域生态系统的关系包括城区与郊区绿地系统的协调关系、区域空间调节关系、休闲旅游人口流动关系等。

9. 点、线、面结合，形成一个整体

城市园林绿地布局应采用点、线、面结合的方式，把绿地连成一个统一的整体，使其成为花园城市，以充分发挥其改善气候、净化空气、美化环境等功能。

（1）点

点的布局主要指城市中的花园布局。其面积虽不大，但绿化质量要求较高。建设者应充分利用原有公园，对其加以扩建或提高质量。在自然条件较好的河、湖沿岸和交通方便之处，新建公园、动物园、植物园、体育公园、儿童公园或纪念性陵园等，但要注意使各个公园能均匀分布在城市的各个区域。一般来说，服务半径以居民步行 10~20 分钟能到达的距离为宜。儿童公园要注意安排在居住区附近，便于儿童们就近游玩。动物园要稍微远离城市。在街道两旁、湖滨河岸，可适当地多布置一些小花园、小游园等，供人们就近休息。

（2）线

线的布局主要指城市道路两旁、滨河绿带、工厂及城市防护林带等，将它们联系起来，组成纵横交错的绿带网，以美化街道、保护路面、防风、防尘、防噪声等。

（3）面

这是指城市中的居住区、工厂、机关、学校、卫生等单位专用的园林绿地，是城市园林绿化面积最大的部分。城郊绿化布局应与农、林、牧业的规划结合，尽可能将城郊土地用来绿化植树，形成围绕城市的绿色环带。

人口集中的城市，在规划时应尽量少占用郊区农田，充分利用郊区的山、川、河、湖等，因地制宜地规划各具特色的绿地，如风景区、疗养区等。

对于盆地中的城市，为防止夜间冷空气下沉，可在城市周围的坡地上，沿等高线方向布置乔木、灌木林带。易受台风、热带风暴侵扰的沿海城市，应在迎风面垂直风向设立防风林带，其宽度为 150 米左右。

对于无风或少风的城市，可在郊区常年风向的方向上，设置楔形林带，形成通风走廊，引风入城，从而改善城市空气的流通。

对于以石油、冶炼等工业为主的城市，应在工业区和居住区之间建立稳定的防护绿化带，以使大片林地形成较稳定的生态系统。

对于以矿石采掘为主的城市郊区，首先应充分利用被破坏的用地，用大片的林带来保护居住区；然后利用高低起伏的地形建立公园、风景点及疗养绿地，以保护居民的健康及农作物的安全。

对于以光学仪表、电子工业、精密机械工业为主的城市，应充分实现全城绿化，大量栽植卫生防护林，布置花园和林荫道等，营建严密的卫生防护绿化系统。

对于处于地震带上的城市，应规划宽广的林荫道和街头绿地，防止、减少地震的危害。

第三节　城市开敞空间系统规划原则

城市环境质量在今天越来越被人们重视。开敞空间设计理论作为城市建设科学中的一个重要内容，逐渐显现出独特的作用与生命力。

人们对开敞空间的定义与范围有各种不同的解释。高原荣认为开敞空间就是由公共绿地和私有绿地两大部分组成。H. 塞伯威尼把开敞空间定义为所有的园林景观、硬质景观、停车场以及城市里的休闲娱乐空间。C. 亚历山大在所著的《模式语言：城镇·建筑·构造》一书中对开敞空间做了如下定义：任何使人感到舒适、具有自然的屏靠，并可以看到更广阔空间的地方，均可称为开敞空间。

通过对城市空间性质的研究，我们可以看出开敞空间有两方面的含义：一方面是指比较开阔、较少封闭和空间要素较少的空间；另一方面是指向大众敞开的、为多数民众服务的空间。开敞空间不仅指公园、绿地这些园林景观，而且包括城市的街道、广场、巷弄、庭院等。开敞空间的功能在于改善城市环境，提供居民闲暇游乐场所，使城市环境更为舒适，更有活力。

一、开敞空间是城市规划设计的主题之一

城市的开敞空间是千姿百态的，然而最传统的、最为人们熟悉的就是街道和广场。它的规划设计质量直接关系到城市的形象和特色。

过去，初到某个城市的人，往往会买一份城市地图，按图上注明的名

称，一条街、一个广场地逐步了解这个城市。城市的特色就是通过街道和广场这些开敞空间展现的。不同的城市都以其独特的开敞空间而闻名。

现代城市如此，古代城市亦如此。《周礼·考工记》中道："匠人营国，方九里，旁三门；国中九经九纬，经涂九轨……"中国古代王城的模式已展现在眼前。古希腊雅典城以卫城为中心，卫城又以神庙和雕像所构成的广场为中心。开敞空间突出地反映了当时的城市特征。

现代城市要向舒适、美观的方向发展，就要注重开敞空间的设计，使城市具有协调的景观，从而吸引人们前来定居或旅行。

二、城市开敞空间系统规划原则

（一）均衡分布，服务市民

在城市绿化与开敞空间系统中，不同性质的公园绿地担负着不同的功能。例如，全市性的综合公园担负着为全体市民甚至是为外地游客提供内容丰富的活动的功能；社区公园则主要面向居住在该地区的居民；而儿童公园等专类公园则以特定人群为服务对象。因此，在城市公园绿地系统的规划中必须注意设置各种规模、性质的公园绿地，形成功能较为完整、服务半径比较合理的公园绿地体系。各类公园的规模、布局与设施内容是否满足大多数市民的户外活动需求，是衡量城市公园绿地系统规划建设成功与否的根本。城市中的街旁绿地、社区公园虽然占地不多，设施相对简单，但由于贴近市民生活，利用率高，因此应在规划中给予足够的重视。反之，以追求城市视觉形象为目的、华而不实的所谓大公园、大广场以及禁止游人进入且无树木遮阴的大草坪，都不应该是城市绿化与开敞空间系统规划所追求的目标。城市公园绿地规划中的"四个结合"（点线面相结合、大中小相结合、集中与分散相结合、重点与一般相结合）就很好地概括了这一原则[①]。

① 李敏．现代城市绿地系统规划[M]．北京：中国建筑工业出版社．2002：2-9.

（二）远景目标与近期建设相结合

从众多实例来看，如果城市中没有按照规划有计划地保留足够的绿化用地及开敞空间，或者城市绿化用地被建设用地所侵蚀，重新恢复绿化用地的难度和所付出的代价将是难以估量的。所以，城市绿地与开敞空间系统的规划与建设必须先于城市发展或至少与城市发展同步进行。城市绿地与开敞空间系统规划要从全局利益及长远观点出发，按照“先绿后好”的原则，考虑植物的生长期、城市绿化利益等因素，适当提高规划指标，同时做到按照规划，分期、分批、有步骤、按计划地实施。城市规划应充分发挥其控制作用和强制作用，保障城市绿化用地不被其他建设活动尤其是商业开发活动所侵占，促进绿化及开敞空间系统的形成。

（三）结合自然环境，因地制宜

由于各个城市所处的自然环境各不相同，所以城市绿化与开敞空间系统的规划应建立在对现状的充分调查研究与分析的基础之上。对于城市附近的森林、湿地等生态敏感地区，规划者要结合城市土地利用规划对其进行保护，并使其成为城市开敞空间的组成部分。同时，城市公园绿地系统规划应充分利用城市所在地区的地形、地貌、植被等自然条件，将城市周围的山体、河流等有机地引导、组织到该系统中。这样，我们一方面可以使原生环境得到一定程度的保留，为城市景观增添自然要素；另一方面，还可以使绿地系统主要占用地势起伏较大的山体或低洼的河谷地带，在一定程度上缓解城市公园绿地与耕地或其他城市用地之间的矛盾。荣获 2001 年建设部“中国人居环境范例奖”的泉州西湖公园即为充分结合自然环境，进行城市公园绿地系统规划与建设的典范。泉州西湖公园所在地原为一片低洼地。过去，在发生较大洪水时，这片低洼地主要靠自然水域及稻田滞洪，对城市防洪贡献不大。从 1996 年起，泉州人民把滞洪排涝工程与城市公园绿地系统建设结合起来，因高就低，清淤筑岸，设桥置闸，堆岛铺路，植树种草，建成了占地面积 100 公顷（其中水域面积 82.28 公顷）的城市公园。公园水体与泉州城市水系相联系，公园既发挥了大面积水域在汛期滞洪排涝的功能，又为周围居民提供了一个休闲的好去处。利用城市周围山体作为公园绿地时，应注意其服务半径内的土地利用形态和居民数量，避免因片面追求绿地指标而在远离居住区的城市外围建设大量公园。此外，名胜古迹较多的城市还可以结合文物保护和旅游活动的开展进行公园绿地建设，但应控制收费（或高收费）公园在整个公园绿地系统中所占的比例。

（四）内外结合，形成系统

无论是从改善城市环境、美化景观的角度出发，还是从维护生物群落生态方面考虑，形成具有一定面积规模的、连续的绿色开敞空间是城市绿化与开敞空间系统规划的关键，即以自然的河流、山脉、带状绿地为纽带，对内联系各类城市绿化用地，对外与大面积森林、农田以及生态保护区密切结合，形成的绿色有机整体。同时，作为城市规划四大系统之一的绿化及开敞空间规划，要兼顾与其他规划内容的协调。例如，要解决好绿地与其他城市用地之间在土地利用上的矛盾。

三、城市绿地与开敞空间的规划布局

城市绿化与开敞空间系统规划的主要任务就是要从功能上满足城市的各项需求，从系统上与自然生态系统相联结并处理好与城市其他系统的关系，从土地利用上明确绿地系统的专属用地界限。因此，城市绿化与开敞空间系统的规划布局通常按照以下的步骤进行。

（一）确定城市绿化指标及构成

如前所述，城市绿地系统担负着诸多功能。城市绿化与开敞空间系统规划应以满足这些功能需求为导向，根据城市性质、自然条件、绿化现状以及实际需求，合理确定城市绿化指标（例如，绿化覆盖率，人均公园绿地面积，维持城市中碳氧平衡所需要的林地、农田面积等），将其作为各类绿地和开敞空间布局的依据。在确定城市整体绿化水平的前提下，进一步研究确定各类绿地之间的比例。

（二）确定城市绿化与开敞空间系统的结构

城市绿化与开敞空间系统一般由三大部分组成：城市内部的各种公园绿地、城市外围的生态环境绿色空间以及将二者联系在一起组成完整系统的河流、林荫道以及带状绿地等。因此，城市绿化与开敞空间系统规划一是要对城市外围的绿化大环境进行分析，利用城市外部的山体绿地、河流、生产用地、各种防护林带等，形成绿化大环境对城市用地的围合与渗透；二是要根据城市内部绿化的现状以及未来改造的可能，将各绿化要素组织成点、线、面相结合的绿化体系。

（三）确定主要公园绿地的规模和布局

按照“均衡分布、服务市民”的布局原则，初步确定各类城市公园的面积规模与空间布局，同时初步确定须纳入城市用地统计范围的各类生产防护绿地的规模与布局，并通过与土地利用规划内容的协调与整合，最终确定其具体范围。

（四）确保各类绿化用地的落实

城市绿化与开敞空间系统规划的内容最终需要依靠城市规划的实施得以实现。城市规划可以从两个方面对城市绿化与开敞空间系统规划实施起到保障作用。首先，通过对城市化地区与城市化控制区的划定，限制城市建设活动对城市建设用地周围绿色空间的侵蚀；其次，除附属绿地以外的公园绿地可以以土地利用的形式反映在各个层次的城市规划中。

四、城市绿地与开敞空间规划设计思路

（一）开敞空间设计与城市规划及建筑设计有机结合

在城市建设中，要仔细推敲建筑与环境空间的关系，使开敞空间的设计与建筑设计有机结合。在城市规划中，应合理地布置各种功能的开敞空间，能动地发挥开敞空间的作用。只有这样，才有可能形成优美、

舒适的城市环境。

（二）重视开敞空间设计中的“形体环境”和“人文环境”

“形体环境”是指具体的实物环境，即人工环境和自然环境。街道广场上的建筑物形成的优美、丰富的轮廓线，优美的绿化布置等“形体环境”都是开敞空间必不可少的要素。“形体环境”的设计根据之一是人们的心理行为因素。

“人文环境”在开敞空间的设计中更不容忽视。只有注重“人文环境”，才能创造出富有特色的城市景观。将某些历史遗迹或传说变成吸引人的“名胜”，给予开敞空间以特色和意义，这对于丰富人们的精神生活是非常必要的[①]。开敞空间的设计需要把“形体环境”和“人文环境”统一起来，既不脱离人们的行为模式，又满足人们的文化需求。只有这样，才能设计出充满活力的开敞空间。

（三）设计共享的开敞空间

开敞空间是多元共容的空间，也是共享的空间，只有注重共享性，才能打破封闭思路的束缚。

1.“公”与“私”的共享

我们应该改变城市土地使用中各自为政的局面，拆掉不必要的高墙，将各类建筑物的前庭空间尽可能向市民开放，达到“公”与“私”的共享。这需要政府及规划部门的支持，采取相应的鼓励措施。

2.人与人的共享

开敞空间的设计应为不同年龄组的居民提供进行各种活动的场所。不同层次的人聚在一起，互相影响，可对生活产生认同感。步行街道和广场等开敞空间是人们共享生活的乐园。住宅区的庭院设计要使老人、青年、孩子都有各自的活动场所，如某住宅区对邻里交往共享空间作了必要的处理，庭院有儿童游戏场、老人休憩地，有山石、花卉、绿荫、喷泉、长凳，组成了多层次空间，能达到共享的目的。

---

① 杨学成，林云，邱巧玲.城市开敞空间规划基本生态原理的应用实践——江门市城市绿地系统规划研究[J].中国园林，2003（3）：69-72.

3. 内与外的共享

广场、街道与周围建筑互相协调的方法之一是建筑物的“内”与广场、街道的“外”互相渗透。

（1）使开敞空间的边缘内外共生。模糊内外空间界限，使建筑物与开敞空间产生密切的关系，为人们提供停留、观赏、休息的机会。

（2）创造阴角空间。阴角空间由于其封闭性，可以创造出一种内向的、亲切的城市空间。把面向道路的建筑适当后退或布置下沉式广场，可以闹中取静，创造富有生气的阴角空间，使城市空间更亲切、舒适。纽约洛克菲勒中心就是因其下沉式花园而富有魅力。

（3）重视户外小品。在开敞空间中，应该对花台、铺地、灯具、座椅、栏杆、指示牌等进行精心设计，使其室内化。

（四）注重绿化效益

无论从生态角度要求还是从美学角度来说，现代文明城市都要求有较高的绿化覆盖率。在创造绿色环境方面，袖珍公园和屋顶花园的作用值得一提。

1. 袖珍公园

人的闲暇活动分为三个层次：每天工作之余的时间、每周休息日、每年休假日。以往我们对第二、三层次的要求较为重视，而对第一个层次的要求则重视不够，由此造成城市中缺少人们工作之余的活动场所。城市中大面积的公园虽然对人们有较大的吸引力，但是由于距离较远，对人们日常的闲暇消遣所起的作用是很有限的。在街头巷尾多建些袖珍公园，方便群众日常使用，使群众在短暂的空闲时间里享受幽静，得到充分的休息。

2. 屋顶花园

目前，屋顶花园在我国还没有得到足够的重视。合理利用屋顶进行绿化，可以在城市已占据的土地上再造自然，还绿于屋顶，将使我们的城市充满鸟语花香。

第四节　以绿地系统为核心构建绿色开敞空间系统

一、宏观层次

随着全球化、信息化时代的到来，全球呈现出全新的、开放的、动态的发展格局。城市逐步从封闭走向开放，人们意识到仅仅局限在狭小的市区范围内来谋求城市问题的解决已不能满足城市发展的需要，必须将城市置于更为广阔的区域里，进行统筹规划。宏观层次的绿色开敞空间规划已经成为一个区域发展的概念。

（一）加强城郊和城市各分区之间的绿色开敞空间规划

在我国，绝大多数城市仅靠城市内部的绿色开敞空间很难完全解决城市的生态问题。只有借助城市周围的大面积自然景观生态基质，才能从根本上改善这些城市的人居环境质量。就城市空气的流通而言，城市存在两种主要的低空气流的交换，一是城市内部的冷源地区，即绿色开敞空间与城市热岛的局部环流；二是从城郊与城市中心区的气流交换。这表明城市整体的空气质量在很大程度上取决于城市周边生态良性循环的冷源区即城郊的生态绿地状况。以自然景观为主的广大郊区具有巨大的生态效益，是城市生态环境质量改善的重要依托。城郊景观处于城市与自然的过渡区域，属于生态脆弱带，景观元素类型多样，镶嵌度高，既有自然景观，又不断产生人为干扰景观。这些地区担负着城市绿色隔离空间、城市的门户、城市未来发展用地等功能，规划要尽量保护城郊自然景观，加强城郊自然景观与城区绿色开敞空间的衔接和连通，加强城区绿色开敞空间与区域自然景观基质的衔接和连通。

城郊地形丰富、自然条件较优越，拥有大片开放的自然景观带、纵横交错的河渠、众多的湖塘等。我们可充分利用这些有利条件，从生态环境保护的角度出发，结合城郊旅游业、农业的发展，建立以水源保护区、自然风景区、森林公园、动物保护区、花圃苗圃等为主的大型绿色开敞空间；还可以在城郊发展生态农业、生态园艺，如种植果树、建设农田林网、进行林粮间作、湖塘养鱼等；在主要河湖、公路、铁路等沿线开辟带状绿地，并使之与市区绿色开敞空间系统及区域整体生态景观基质贯通，将大地景观规划与城市绿色开敞空间建设紧密衔接和连通，逐渐建立多层次、多类型的“点、线、面”相结合的城乡一体的绿色网络。

（二）依托城市自然脉络，通过绿楔、绿廊的设计将自然引入城市

城市建成区往往缺少绿色开敞空间，为缓解城市生态环境压力，J.O. 西蒙兹提出的方法是保护城市廊道，使自然空间在进入城市地区时保持其连续性。城市廊道利于城市的多样化和可持续发展，是创造丰富健康的城市环境的基础。我们可以从自然生态环境出发，依托城市自然脉络——河流湖泊、丘地沟谷，以蓝道、绿道组成的绿色廊道为纽带，将城区的公园、游园、专用绿地等绿地板块与城市外围自然生态景观串联起来，加强市区绿色开敞空间与城郊自然景观的衔接和连通，使城市建设实体与城市次生自然环境及城郊原生自然环境构成紧密关联的共生关系，共同构成城市“绿地斑块—绿色廊道—生态基质”的生态绿色开敞空间网络格局，从而有效地避免城市无序发展，为形成合理的城市发展框架提供生态依据。

城市绿色开敞空间的开放性不仅指围绕在城市周围的自然生态景观基质是一个开放的空间，而且这种开放的自然生态景观基质要通过楔状绿地、蓝道绿道把自然引入城市之中，为改善生态环境服务，满足城市居民对郊区宜人环境的向往以及对游憩休闲的需求，使城市居民能够和大自然有着直接的、密切的联系。以合肥为例：合肥市西北、西南、东南分别被 3 个自然风景区所环抱，即西郊风景区，西南的紫蓬山风景区，东南的巢湖风景区。合肥市政府在城市东南、西北规划大片绿色开敞空间，将其楔入城市，形成城市通风道，将城东南巢湖的新鲜空气引入城市，将蜀山森林公园、董铺水库、水库保护区的自然风光延伸至市区。

（三）构建完整的、相互联系的区域绿色开敞空间背景大框架

城市绿色开敞空间规划要打破以往囿于城市建设用地范围内的规划框架，从区域绿色开敞空间的整体性出发，在宏观层面上建构与城市总体结构密切相关的大面积自然开敞空间，加大对城市绿化的支持，使城

市可以有一个良好的整体生态景观背景。国内外城市绿色开敞空间建设的实践和有关研究表明，虽然城市绿色开敞空间在改善环境质量方面的功效显著，但就城市整体而言，相对封闭而范围又十分有限的以人工绿化为主的城市绿色开敞空间远远不足以改善整体城市环境质量。城市区域的范围比城市建设用地面积大得多，甚至是其面积的几倍。环绕着城市建成区的是自然生态区，对城市生态环境起补偿作用。我们应将城市绿色开敞空间进行延伸，将其与区域范围内的风景林地、河湖水域、防护林带、山体丘陵农田林场等相结合，实现城市绿色开敞空间体系与外围生态环境的高度协调统一，为城市发展提供足够的生态空间。

我们应根据地形条件及不同的生态要求，规划不同功能的生态绿地。例如，确保林网化的大面积农田；在城市的上风方向建立可以产生大量新鲜空气的森林带；以自然绿化为主，积极发展高效生态农业的风景保护区；实行封山育林，恢复山林植被，建设森林覆盖率在70%的水源涵养区；建设生物多样性极为丰富，被誉为“自然之肾”的湿地；建设提供乡土植物种苗的苗圃基地、植物园等。通过城区绿色开敞空间、城郊绿色开敞空间、区域绿色开敞空间这种层层推进式的动态保护，促进城市内外部物质与能量的交流与转换，从而缓冲城市内部环境质量压力，逐步实现城市生态平衡。

（四）依托生态廊道体系的建立，构建生态蓝道和绿道

蓝道、绿道的概念是从廊道延伸出来的。

蓝道（blue way）是包含多样性空间和元素的，以水域为主体的廊道。蓝道根据地表径流的流线，包括了自然地区的溪流的上游、河流的中下游，湿地，湖泊水库以及滨水区植被群落，还包含了城市中的河道和滨水区。因此，水域廊道包含了以水、气候、土壤、动植物为主的自然系统，同时也是人类活动与设施的密集处，包含了以建筑设施与人为主的人工系统，是“自然—人工”相综合的生态系统，处于生态系统中的过渡地带。

绿道（green way）是为车辆、步行者和野生动物迁徙提供的通道，是以植被为主的廊道。绿道尺度可大可小，从林间小径、道路防护林到高速公路、铁路两侧的防护林带，以及城市近郊楔入山体及城市内的林

荫大道等。绿道对生物多样性保护、平衡气候、涵养水分、防风固沙具有重要的生态价值并具有良好的景观价值。在大多数的城市中，由于用地紧张，绿道建设不可能完全按理想的宽度和形式布置，而是结合道路形成绿网。

城市道路与河道的设计应具有绿道和蓝道的概念，通过适当的设计，形成人工环境与自然环境相交融的良好景观。绿道的规划设计要把生态保护放在首要地位，综合考虑休闲游憩和生态保护的关系。在我国城市用地十分紧张的情况下，绿色廊道应尽量利用道路、河流和高压线走廊等来进行建设，再辅以部分专门开辟的楔状绿地。例如，美国华盛顿通过廊道、溪河将数十个零星分散的公园与郊外的野生生物群落地区直接联系起来，使野鸭等从郊邑的大自然进入城市公园，实现了对生物物种的保护。

（五）未来城市的空间结构演变形式为构建区域绿色开敞空间框架提供了条件

工业化时代，大都市区空间结构的表现形式主要分为单核心的大都市区和多核心的大都市区。其交通围绕一个中心区来组织，而不是按不同等级的区域来组织，这是造成城市空间组织混乱，交通、人口拥挤，环境恶化的主要原因之一。多核心大都市区的优势明显强于单核心大都市区。随着通信、交通设施的日益发达，市中心的位置只是一个选择而非必须，城市便有可能采用更松散、更开放的形式。从工业化时代到信息化时代，大都市区的空间结构呈现有机集中同时相对分散趋势，趋于由单中心到多中心，进而向网络模式的开放型空间结构转化。绿色开敞空间环绕并分割城市，形成多个中心，多中心分散状的结构为城市提供了更美好的平衡和黏合。分散状的多中心城市空间结构为构建区域绿色开敞空间框架提供了条件。区域的绿色开敞空间框架环绕和分隔各种不同用途的土地和活动节点。同时，当它被用于保护最好的景观属性的时候，它将赋予每个区域独特的景观特征。

二、中观层次

城市绿色开敞空间系统是城市人文景观与自然生态景观协调发展的空

间保障，是高度人工化的城市生态系统加强自身平衡能力的空间保障。在城市绿色开敞空间系统中，与城市居民生产、生活关系最为密切的是城市建成区范围内的绿色开敞空间。这些不同类型、不同规模的绿色开敞空间一方面可以改善城市景观，维持生态平衡、为居民提供游憩场所，另一方面起到保护历史景观地带、体现城市景观特征及个性、营建纪念性场所、体现城市文化氛围等作用，并在居民对城市的认知中发挥重要作用。

（一）结合历史文化要素建立绿色开敞空间

对历史文化内涵的追求一直是城市发展的重要目标，它能赋予城市个性特征，唤起城市居民的认同感和自豪感。结合历史文化要素，建立绿色开敞空间，可以有效地保护城市历史文化遗产，延续城市历史文脉，体现城市文化传承，共同构筑城市的文化氛围，因此成为许多历史文化名城的城市开敞空间的组织形式。

我们应结合历史文化遗产规划，建设城市绿色开敞空间，使绿地成为历史文化遗产与城市之间的缓冲区，使历史文化遗产本身具有一个较好的绿化保护环境。若是单幢的古老建筑或是雕刻等文化遗存，原址周围又无其他古迹，可以其为中心建设具有历史文化主题的小游园，如有可能，应尽可能多地保存与此相关的遗存，保留更多的历史信息。那种把古迹遗存以外的连带部分都清除干净的做法是不恰当的，它使得古迹成了单纯的装饰物。旧城区的密度一般都较高，我们可在城市更新中，结合对历史文化要素的保护，规划设计更多的开敞空间，既保护历史文化遗产，又起到降低旧城人口和建筑密度的作用。我们可在城市的古城墙、护城河处设置环绕旧城区的城市绿色开敞空间系统，以唤起人们对旧城区城市空间秩序的回忆。例如，奥地利首都维也纳在原城墙位置修建了包括广场、绿地等在内的城市绿色开敞空间系统，在旧城保护、城市形象塑造及城市环境改善等方面都取得了很好的效果。保护古建筑和历史环境概念的引入，使城市绿色开敞空间设计的目标从一般性物质要素设计上升到传统文化的继承与现代文化的创新的高度。

（二）加强城市绿色开敞空间的连续性

为了达到城市开敞空间系统功能的最佳，我们必须从整体景观格局出发，加强城市绿色开敞空间的连续性。连续性是指连接散布于城市中的各类绿色开敞空间，共同组成一个完整的绿色开敞空间系统，把城市中每一处公园、街头小游园、居住区绿心、山地等通过林荫大道、景观道路、滨河绿带等串联起来并纳入景观结构之中，建立一个动态景观结构体系。现代城市的建设强度很高，城市空间被巨大的构筑物如高速干道、桥涵、堤坝等分割，切断了城市绿色开敞空间在物质形态和视觉上的联系，破坏了城市里的野生动植物的廊道。我们必须考虑物种对生态环境的要求，恢复其自然生态过程的流通，通过绿色廊道连接散布于城市中各种功能、类型、大小的绿色开敞空间，形成连通的绿色开敞空间的网络结构，从而建立基因、营养交换所必需的空间条件。

（三）加强城市绿色开敞空间的空间开放性与景观可达性，提高开敞空间利用程度

在现代城市中，公园绿地应成为人们日常生活环境的有机组成部分，公园形态将被开放的城市绿地所取代。孤立、封闭自守的公园正在渐渐走向开放，延伸到居住区、校园、社区、商业区、高新开发区等，并与城郊自然景观基质相融合。人们希望能在身边的空间内和大自然有亲密的接触。规划建设融入人们生活与周围环境的多样化的开放式公园、小广场和散步道等开敞空间、城市绿色开敞空间是塑造城市形象的要求。这些空间也应是生活与环境相融的场所。

三、微观层次

（一）增加绿色开敞空间面积

在我国，人口、建筑密度大，交通繁忙的老城区，绿色开敞空间极少。我们可以在旧城改造中实施“搬迁辟绿、拆迁还绿、见缝插绿”的措施来扩展开敞空间，改善人居环境。在居住区规划建设时，通过适当

提高居住密度，降低居住用地和交通用地的比例，以降低人均土地消耗量，增大绿色开敞空间面积。在城市新区的土地规划中，我们可将居住、生产、工作和休闲娱乐等不同的城市功能综合于一个区域，借助区域内高效便捷的道路网络，减少不必要的土地资源占用，以增加绿色开敞空间面积。这也可以形成多个具有复合功能的城市分区核心，从而避免城市单中心圈层式向外蔓延。这种措施所引导建设的城市空间和绿地结构与前面提到的“多中心的分散状”的城市结构不谋而合。

受损地、废弃地、污染地的生态恢复与重建是欧美大城市增加绿色开敞空间的热点地区。这些国家以可利用性和可达性作为前提条件，特别重视维护野生动植物生态环境并发挥生态效益。例如，德国北杜伊斯堡风景公园是由一个庞大的钢铁厂蜕变成的以自然再生为基础的生态公园。

城市绿地与地下空间的共同开发是增加绿色开敞空间面积的重要措施。我们可以充分利用地下空间，将交通、停车和商业等用地转移至地下，将地面上的空间作为绿地、广场、公园、非机动车绿色通道等来建设，以满足环境交通、商业、人防等多种功能的需要。例如，上海人民广场结合地铁线的建设，在车站附近开发了地下商业空间，在广场的北面，建造有近600个停车位的大型地下车库，而地面全为绿化空间，供人们休闲游憩。通过人民广场地下空间的开发利用，扩大了此区的绿色开敞空间。将居住区的停车空间转入地下是目前增加居住区绿色开敞空间的方法之一。

（二）注重多功能融合的规划设计

现代城市绿色开敞空间的规划设计应在尊重自然环境的基础上进行，应重视环境质量的提高，而不是单纯地提倡“以人为本”。人们常以野生动物尤其是鸟类的出没状况作为衡量城市绿色开敞空间生态环境质量的重要标志。根据岛屿生物地理学理论，斑块的面积越大，其物种就越多，也越有能力维持和保护基因的多样性。大型的绿色开敞空间能保护林中物种的安全，庇护大型动物并使之保持一定的种群数量。小板块占地少，分布在城市景观中，有利于提高绿地景观多样性。它们同广大的自然开敞空间相连，可以成为动物的临时栖息地，所以小型板块可视为是大型

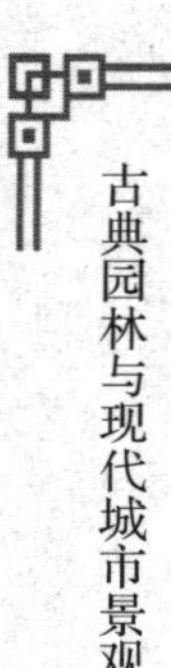

板块的补充。城市绿色开敞空间布局应从绿色开敞空间的生态、游憩、教育、经济等多种功能出发，建立一种契合城市自然生态环境，体现城市景观格局的内在秩序，且具有自然生命力和空间引导作用的绿色开敞空间系统。

（三）城市绿色开敞空间的绿化设计

在城市中，建设具有整体性、稳定性、生物多样性的绿色开敞空间系统至关重要。植物群落的配置应兼顾观赏性和生态效果，以地带性植被类型为设计依据，配置生态性强、群落稳定、景色优美的植被。我们要多选用乡土植物（也称本土植物）。广义的乡土植物可理解为经过长期的自然选择及物种演替后，对某一特定地区有高度生态适用性的自然植物区系成分的总称。狭义的乡土植物是指在当地自然植被中，观赏性突出，或具有景观绿化功能的高等植物，它们是最能适应当地生态环境的植物群体。乡土植物不仅适应性强，便于养护，植物群落相对稳定，且能体现地方特色。绿化不仅要提高绿地率，也要通过乔、灌、草、藤等复合群落结构，提高叶面积指数，营造适宜的小气候环境。我们还应根据功能区和污染特征，选择耐污染和抗污染植物，发挥绿地对污染物的附着、吸收和同化等作用，降低污染程度，促进城市生态平衡。绿地植物具有抑菌、清新空气和释放芳香物质等功能，可营建健康的城市绿色开敞空间。

应用生态学理论和方法建设生态绿地是很重要的，如德国植物社会学家蒂克逊提出用地带性的、潜在的植物，按“顶极群落”原理建成生态绿地。他的学生、国际生态学会会长、日本专家宫胁昭教授用20余年时间在全世界900个点实践该理论并取得成功。宫胁法的方法被简称为“宫胁法”。用这种方法建成的生态绿地具有“低成本、快速度、高效益”的优点。又如德国著名林学家嘎耶的“近自然林学说”现正成为欧盟林业发展的指导方向。他采用的“顶极群落”原理大体与蒂克逊类似。根据实践总结，绿地植被建植方式可以按如下顺序进行：明确绿地功能——确定绿地环境条件——确定可能的植物群落物种组成——确定可能的群落结构形式——植物群落的优化。

（四）加强城市滨水区域的空间开放性

滨水区以水域为焦点，构成城市最具活力的开放性空间。在用地横向上，滨水空间要保证水体与城市之间的视觉走廊的通透，临水界面建筑的密度和形式应保证视觉上的通透。在滨水区适当降低建筑密度，将底层架空，使滨水区空间与城市内部空间相互渗透融合。这不仅有利于形成视线走廊，保持开阔的视野，而且形成了良好的自然通风。在滨水空间的建筑、道路的布局上，应强调城市路网与滨水绿色开敞空间之间的通道的方便快速，使所有的人包括行动不便者均可步行或通过各种交通工具安全抵达滨水区和水体边缘，而不为道路或构筑物所阻隔。要使城市滨水区真正成为开放性空间，成为全体城市居民的公共财富，就必须防止各种使人们不能自由进入的“圈地现象”的出现。圈地过多会妨碍公众活动的自由性和连续性，妨碍形成优美的城市绿色开敞空间。

滨水绿色开敞空间应通过线性公园绿地、林荫大道、非机动车绿色通道等构成滨水开敞空间与城市内部的联系通道，以使滨水景观带向城市内部延伸，应用线性绿色开敞空间将滨水区连贯起来，保持自然环境的延续性，并在适当节点进行重点设计，将其拓展成广场、公园；将这些点、线、面结合，使滨水绿色开敞空间向城市扩散、渗透，与其他城市绿色开敞空间元素一起，构成完整的系统。

第五章　中国古典园林不同元素的现代化应用

第一节　中国古典园林文化元素的现代化应用

一、中国古典园林中的地域文化

（一）地域文化和景观设计的关系

1.地域文化是景观艺术设计创作灵感

随着社会的发展，对于城市景观设计不再是以美化人们居住环境为主要目的，而是将艺术、人文科学以及自然科学等多个方面的元素有效地融为一体，进而使环境景观的创作形成一种地域性的思想意识以及审美情趣等。景观设计师在进行创作的同时，必须要对相应的地域文化进行深入的研究和了解，并在这个研究基础之上，把研究的知识进行充分的消化与理解，并将其充分应用到自身的设计与创造作品当中，从而真正地体现出地域文化的精髓。

2.景观艺术设计通过研究地域文化来获得创造灵感

我们必须对地域文化的起源与发展过程有非常深刻的理解，理解其文化和自然之间的互动关系，以真正地在景观设计的实践过程当中发扬地域性文化。景观设计能为地域文化的发展提供相应的发展载体，同时应该在设计和创造的实践过程中对地域文化进行继承与发扬。设计师们拥有非常广阔的发展和创造空间，也肩负着发展与传播地域文化的历史使命。从景观艺术设计的角度来看，地域文化不再只是针对场景与物体的本身，其具有的本质直接指向了景物的内涵，所以就需要把地域文化和时代性进行有效结合①。

（二）地域文化在景观设计中的特点

景观设计师要想设计出一个符合人们需求的景观作品，在把地域文化融入景观设计的时候，就应该使其符合开放性特点、民众化特点、综合性特点。

1. 开放性特点

设计师在进行景观设计的时候，都会在周围设置开放性的公园或广场等基础性设施，其目的是为了让景观设计具备开放性的特点。这种设计不仅能够为人们提供娱乐服务，还可以为人们提供沟通交流的场所。

2. 民众化特点

景观设计在一定程度上能够对生活在这一地域的人们产生心理影响与行为影响，而这种影响会使人们坚持追求自己的理想。人们长期生活在这样的文化传播环境中，会产生非常强烈的归属感，并形成独特的审美意向。所以，景观设计师在进行景观设计的时候，应该使景观设计符合民众的心理需求，确保景观设计能够被人们接受。

3. 综合性特点

景观设计本身就具有复杂性。设计师在进行景观设计的过程中，采用组合的方式，使多层次的元素有机融合。

（三）景观设计中地域文化的应用

1. 关注自然环境

景观的有效设计主要就是针对自然环境和人文环境进行合理有效地

① 曾旭，万一．新中式园林景观设计与中国传统文化元素[J]. 现代园艺，2015（22）：110.

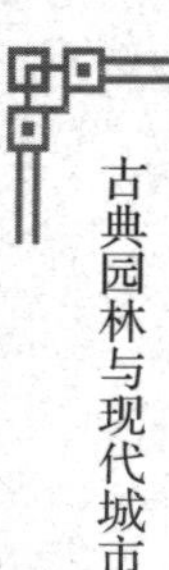

运用。为了更好地提高其生态性效果，设计者应该关注当地自然环境，这样也可以最大程度上提高园林景观的应用效果。

2. 关注历史文化

园林景观设计要想较好地体现地域文化的特点，还需要从历史文化角度进行思考。因为任何一个地域内的文化都是在历史的长期积累之下形成的，要想在园林景观当中体现地域文化特点，就应该充分考虑这些历史文化因素。

3. 关注当地特色

为在园林景观设计工作中对地域文化进行有效利用，我们应当关注当地地域文化特色。地域文化特色主要就是指经过当地居民的长期生活积累而形成的一些风俗与习惯。这些风俗和习惯如果可以在园林景观设计中得到较好的体现，就更能获得当地居民的认同，进而在最大程度上提升其应用效果。

4. 坚持以人为本

地域文化在园林景观设计中的高效运用还应遵循以人为本的基本原则。园林景观设计的最终目的是为人服务，更为具体地来讲是为当地居民服务，而地域文化在一定程度上也可以说是为当地居民服务的，所以两者并不存在明显的冲突，有着较好的一致性。所以，我们在将地域文化运用于园林景观的过程中，应充分考虑当地居民的正常需求，在此基础上优化园林景观的设计内容和呈现方式，促使其在后续的应用中表现出应用效果。

二、中国古典园林中的建筑文化

（一）中国古典园林建筑的文化内涵

1. 人居本位与自然情怀

建筑是园林中最具有人工特色的物质要素，它不但应满足人们居住的需要，其自身也应成为风景的一部分，以满足“可望”“可游”“可行”等多种需要。中国传统建筑深受古代礼制的影响，无论是宫殿、寺庙，还是民居，都喜欢用轴线引导、左右对称的方式。而中国古典园林中的建筑无论在形式或体量上都与上述建筑类型大相径庭，它注重居住的舒适和精神上的愉悦，园林中的亭、轩、榭、台等建筑自由轻快，很有返璞归真、无拘无束的情趣。园林建筑在布局上更是注重迂回曲折、参差错落。园林建筑在空间处理上，采用引导、掩藏、曲折、暗示等手法（图 5-1），极大地丰富了园林的空间层次，达到了小中见大的艺术效果。我国古典园林建筑之所以有这些特点，是因为园林是古代文人士大夫修身养性之地，追求一种顺应自然的境界。这也暗合了道家自然观中的“道法自然”的审美观。

图 5-1　空间的引导

2. 建筑装饰中的文化心理

中国数千年的农耕文明造就了灿烂辉煌的古代文明，同时塑造了贵和尚中、安土重迁的民族性格。人们祈求生活富裕平安、家族人丁兴旺的心理也很自然地反映到园林建筑装饰中。基于谐音的吉祥符号成为园林装饰图案中最主要的内容，例如，蝙蝠的蝠与福同音，因此蝙蝠便成为吉祥物，广泛应用于园林装饰艺术。北京恭王府有一个由蝙蝠图案装饰的厅，被称为蝠厅，水池呈蝙蝠状，被称为蝠池。园林中还有直接用吉祥的器物或雕塑表达美好祝愿的，如“西王母拜寿”等雕塑及如意等器物。

中国古典园林的建筑装饰中包含着众多的文化艺术元素。诗、词、匾、联既是园林装饰不可或缺的内容，也有点景、启示、象征等作用。

北京颐和园后山“看云起时”的点景取王维“行到山穷处，坐看云起时”的意境。苏州拙政园的“与谁同坐轩”（图 5-2）则取苏轼“与谁同坐？明月清风我”之句，以清风、明月自比，显示了园主淡雅清高的志趣。

图 5-2 苏州拙政园 与谁同坐轩

（二）中国传统文化在景观建筑中的流失

技术进步能够推动社会进步。同时，每一次技术的进步必然影响景观建筑设计领域的发展。进入新世纪之后，西方国家先进的生产方式、管理方式和新材料对我们影响很大，中国传统的木构建筑被外来的钢筋混凝土“方盒子”取代了。不仅如此，景观建筑中优美的细部设计也被外来的简洁立面代替了。在城市中，传统门窗由于不能满足安全需求，或者在建设费用上不够节省等原因，被防盗门、玻璃窗和铝合金窗框所取代。

这种大范围的取代一定程度上推动了城市化发展。但正是建设初期对外来文化的全盘接受，使得外来的技术、材料、生产方式压制了中国本土建造方式的发展，破坏了中国传统文化在景观设计中的传承，反映在城市景观设计上就是缺少地方特色，建筑没有本土特点。库哈斯曾经在评论中国当代的很多城市时说，中国大部分城市异常喜爱摩天大楼，这种追求使得城市景观被破坏；而且大多数的摩天大楼只是一个空壳，没有深层的内涵。日本在这方面的经验就值得我们借鉴。他们的文化最早是在中国唐代文化的基础上发展起来的。唐文化与日本传统的文化、生活融合之后，其古典特色延续至今，并发展出只属于日本的景观建筑设计思想。

（三）当代景观建筑与中国传统文化元素的碰撞

1.观念方面

随着时间的推移，中国建筑师对景观建筑设计和传统文化传承的研究已经日益深入，也取得了一些成果，当代景观建筑与中国传统文化元素的融合逐步加深。例如，王澍在2010年上海世博会中设计的宁波滕头馆，将“园林”“生态”“乡村生活”和“现代的建筑”四者有机地结合到一起，虽然采用了现代的材料，也没有完全运用中国古典园林中的文化符号，但是仍给人一种置身于江南水乡的古典园林的感觉。本书认为这种虽然是现代的设计，但是能够给使用者一种富有中国传统文化感觉的景观建筑设计，就是一个优秀的、值得学习的实例。这类建筑出现在世博会中，也向世界人民展示了新时代中国具有传统文化特色的景观建筑设计水平。我们可以看到，在当今的景观建筑设计中，传统文化的体现已经从简单的仿古转到注重意境的营造上。这一趋势无疑对我们构建中国本土的设计系统有着重要意义。

2.形式方面

一个国家的文化影响最直观的体现便是建筑，尤其是景观类建筑的形式。我们评价一个城市是否具有地域性特征也多从一个城市的形态即形式和这一形式的变化及变化原因入手。从形式角度进行的考量无论是对景观建筑本身还是城市来说都更加直观，也较易把握。但是，沉迷于形式的探讨和模仿往往容易陷入误区。我国某一阶段的本土景观建筑设计就曾呈现这一特点，主要体现在仿古设计潮、景观改造热和现代建筑

中的传统符号应用三个层面。

（1）仿古设计潮

仿古的景观建筑设计已经成为当今城市建设和旅游区开发的一个热门内容，无论是在新区的规划还是老城区的改造中，这种设计都很盛行，但是多停留在外表的模仿与再现。如大屋顶、粉墙黛瓦、马头墙出现在各种建筑中。诚然，具有中国传统特征的景观建筑更容易满足大众审美，但是盲目的、粗浅的仿古设计对于我们的城市不仅起不到美化城市环境，唤起人们回忆的作用，反而会破坏城市景观。而且由于过于重视表面的古建筑，有可能在实际过程中无意地破坏具有中国本土文化的地域景观。同时，传统文化中的“传统”二字是相对而言的，昨天的文化是今天的传统，今天的文化又是明天的传统。这种大规模的、盲目的仿古设计潮很容易忽视近代的、新的、具有价值的建筑或者街道，也在无形中毁坏了街道景观。

没有一种城市是可以单单依靠某种传统建立起来的，盲目地追求“古”风是不可取的。今天的设计者能做的就是从盲目的对形式的追求中解脱出来，去寻找真正意义上的传统文化在景观建筑设计中的体现。

（2）景观改造热

在实际中，比单一建筑中的盲目仿古设计危害性更大的是对于整条街或者整个区域的“城市美化”。在实际中，我们会碰到这样的现象，由于某个街区范围过大，既有建筑也多在使用中，但是其外表较陈旧，又多位于重要道路或者人流量较大的道路上，开发者认为影响了城市的整洁性，加之受到资金的限制，对街区的景观改造就成为经济实惠的不二选择。这种方式在某种程度上使得街道变得更整洁现代，对于城市的美化尤其是卫生状态的提升起到了一些作用。但是，由于对内部空间的忽视，景观改造很容易造成外部很新、内部沧桑的尴尬境地，加之对内外风格的统一性缺乏考虑，很容易导致四不像的结果。

同济大学的张松教授曾说过，“各地如雨后春笋般建起的复古建筑，几乎都是假古董，改造和开发要控制在合理比例内，不应全盘否定相对晚近的过去，为重现古代辉煌而一味大拆大建”。这句话很好地说明景观改造应当走理性的道路。

（3）现代建筑中的传统符号

谈起中国建筑，人们首先想到的就是大屋顶、斗拱、台基和木构架。提起徽派建筑，人们首先想到的就是马头墙。符号直观、便捷的特点可见一斑。所以在早期，景观建筑若要体现传统文化特色，大多数设计者提炼传统建筑实体或者文化中的符号，并将之应用到新的景观建筑设计中。这种手法指导下的景观建筑设计确实有一定效果，但是景观建筑中传统文化的体现不等于单纯的符号的提取或者风格的复制。设计者要找到文化的灵魂实质。景观建筑具有很强的观赏性，但绝不等同于一个漂亮的表皮，其功能性、文化性甚至象征性都很重要，缺一不可。

其实，在现存的景观建筑设计实例中，有大量的优秀的体现中国传统文化的建筑。我们应该对这些优秀的实例进行认真研究。著名的意大利建筑师阿尔多·罗西曾经设计过一座公墓，即位于非摩德纳的圣卡塔尔多教堂公墓。这一建筑并没有明显的意大利传统符号，但由于设计者延续了周边墓地中现存的老的墓地空间形式和可达方式，因此，这一建筑被称为一座反映意大利传统文化的优秀建筑。这样的实例还有很多。只要我们时刻保持客观理智，学习实际生活中的优秀设计，就一定能在中国本土景观建筑设计这一条路上走得更远。

当然，我们强调对于文化深层意义的挖掘，但我们并不反对具有传统特征的符号的应用。符号因其直观的特点，有时候易于传达意图。我们运用具有传统特征的符号应注意合理、适当。

3. 可持续

由于环保业的发展和人们对于环境的重视，可持续发展渐渐成了一个热门的话题，反映到景观建筑设计中，就是对于绿色建筑的提倡和低碳建筑的兴起。在这一潮流中，可持续发展很重要的层面就是对低能耗材料的应用、对外部气候环境的顺应和对植物这一景观建筑设计中重要元素的重视。可持续发展的景观建筑设计很重要的一点就是不再把环境布置作为建筑设计的补充，而是将景观设计、植物配置和建筑主体设计进行综合考虑，通过三者的平衡，使每一个个体元素的用处最大化。我们中国传统文化中也有很多关于可持续发展的理念。例如，我们强调物尽其用，就是要充分发挥各种物质的功能，要充分利用资源。而中国古

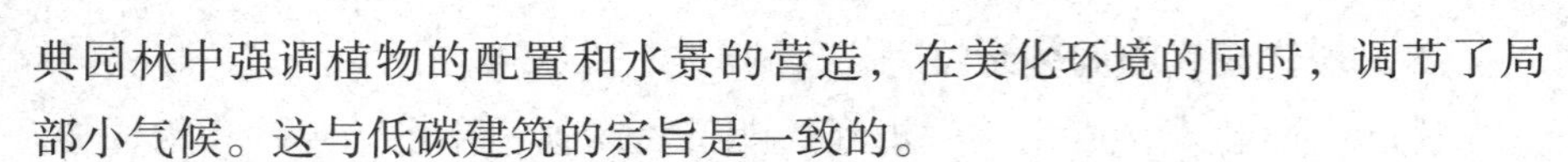
典园林中强调植物的配置和水景的营造，在美化环境的同时，调节了局部小气候。这与低碳建筑的宗旨是一致的。

中国本土景观建筑设计中的可持续发展不仅有建筑节能方面的考虑，也包括了文化传统的传承与发展。只有坚持中国本土文化在设计中的传承与体现，才能真正地确立具有中国特色的可持续发展观。

第二节　中国古典园林空间元素的现代化应用

人们对于空间的认识源于自身的空间观，不同文化背景下形成的空间观是不同的，这也是中西方园林空间风格迥异的根本原因。发掘影响中国古典园林空间形成的文化内因需要层层解构，追溯到中国文化的哲学内核。理清中国哲学与中国人的空间观之间的内在联系，中国文化对中国古典园林空间的影响便逐渐地体现出来。

一、不同视域下的空间文化

（一）隐喻中的空间文化

在文人士大夫艺术审美修养的熏陶之下，中国古典园林从空间的形式到形态，发生了由表及里、由外而内的变化，成为多种艺术形式的共同载体，呈现在人们眼前。中国古典园林在形式上无不美轮美奂，在形态上无不变换万千，这使得隐喻其中的中国式空间原型愈加隐晦。在园林艺术发展日趋成熟直至巅峰的过程中，中国式空间原型并未因此而退出中国园林空间的舞台。作为一种已经升华为中式哲学观的原始模型体系，它已深深融入中国式空间之中，成为文化的一种无意识的内在形态。

中国古典园林产生于古代封建社会，从产生之初便同中国传统文化有着千丝万缕的关联，从开始简单直白的表达到后来受到文人的影响而转型，传统文化都在其中发挥着或明或暗的作用。那些传统文化中无意识的内在形态是重新认识中国古典园林空间的关键因素。

古人认为，国家是由家庭组成的，国家与家庭的关系就是大家与小家的关系，“墙内墙外”代表了“礼”所限定的两种空间。《大戴礼记》

曰："宫中雍雍，外焉肃肃"，郑玄笺注，"雍雍，和也，肃肃，教也。"。在墙内，是天伦之乐；在墙外，则彬彬有礼、秩序井然。这体现在现实的社会空间中便是墙内力求开放，墙外则规整有序。墙内是乐、情、仁、庭、家；墙外是礼、理、义、朝、国。这就对中国古典园林空间中生硬的园墙边界做出了文化的解释。中国古典园林为中国文人士大夫在墙外空间入世的劳碌后提供了墙内空间出世的精神放松和休整。这也是中国文化儒道互补在空间上的表现——无论墙外空间如何重规叠矩，墙内空间却是自然而然，山水自得。园林成了文人士大夫们完善自我人格的场所。在这里，他们将自然的人性置于封建礼法之上，"以玄对山水"，从自然山水中去领悟天地大道，从而唤醒他们在人性与文学艺术方面的自觉感悟。这种与墙外空间截然不同的墙内空间在客观形式上必须界限分明，围而不露。

园墙本身在中国古典园林空间之中却是一个"被强调"与"被忽略"的矛盾综合体——由中国式空间原型产生的园墙在客观上被强调。然而这种强调仅针对墙外空间，其意义在于突出对墙外社会空间的阻隔与界定作用；反之，对于墙内的园林空间而言，园墙围合、边界的现实意义并非是空间的本质。前文有述"对于空间本身而言，其真正意义是由内部的中心所决定的"，当人们置身于园林之中，体会到园林空间所表达的无限意境时，客观的园墙被主观的冥想弱化、消隐，并与中国古典园林空间系统辩证统一，而那些能够巧妙地运用"借景"手法的中国古典园林便成了打破封闭状态的上乘之作。

由此可见，园墙对于中国古典园林空间的意义并非仅是其客观的存在——它既是传统文化中两种不同哲学观的界定，又是内部中心体系中的基本构成元素，是中国"别内外"的传统文化伦理观的现实体现。

（二）流动中的空间文化

为了更好地理解虚空间，我们引入道家理论中"气"的概念。道家认为"气"是一种客观存在的可被感知却又玄妙高深的物质。《淮南子》中说："道始于虚郭，虚郭生宇宙，宇宙生气，气有涯垠。清阳者薄靡而为天，重浊者凝滞而为地。清妙之合专易，重浊之凝竭难，故天先成而地后定"。由这段话可以看出，"气"是由虚无的空间衍生而来的一种无形的独立存在，它弥散于整个空间之中，既非现象也非本体，而是介于二者之间的物质。中国式空间中“气”与围合的概念使得无形的虚同有形的实将中国古典园林空间联系成一个系统性的整体。中国古典园林空间中的墙面、门窗、洞口、立柱以及山石植物都可被用来当作围合分割空间的元素。尽管这些元素界定了空间，但并未限制空间。真正的空间就如同一张空白的画布，留下的是无尽的想象和无限的可能。而虚实之间也可以相互渗透融合，使人感受到中国古典园林空间的变换无穷。

这种由“气”与围合构成的虚实空间体验是一个动态过程，在不断的漫游式的行进中，中国古典园林各空间元素交替转化。中国式空间的体验并非是从一个围合的空间中去窥赏另一外在空间的景致，而是通过空间内部的围合，在保持园林空间系统整体性的条件下，将原空间进一步分割成相互关联的次级空间，合理而有效的分割使空间在主观上得到了无形扩张。“气”通过围合，多层次地贯通了整个园林空间，并在其中不断地流动。空间的协调与统一通过这种动态的方式得以诠释。

至此，“气”的客观意义便初见端倪——对于空间流动性的感知，主要通过人的视线这一非实体性元素来完成。随着视点的动态行进，视线会发生暂留、先行、过渡等变化，而由此带来的对于视界的感知也就丰富起来，整个空间也随着细节越来越多地被发现而体现出更加细腻的层次感。这时，园林空间中的此处与彼处发生了相互作用，空间发生了流动。视线在其中既是媒介，又是推动力，也就是传统文化中连通整个空间的“气”。

在整个空间体验的过程中，另有一个重要的园林元素参与其中，并与视线共同影响整个园林空间的流动性，即园路。园路本身具有材质、方向以及竖向空间等自变因素。与视线结合之后，变换因素组合的可能性大大增加，从而进一步加强了空间的流动性。前文提到中国古典园林空间的“曲径通幽”就是二者结合后达到的理想效果。园路在方向上的每一次改变使视线也随之发生改变，进一步导致了视线所对的景物发生改变。这种改变在人脑中产生了一系列不间断的、连续变化而又相互关联的画面，最终完成了空间的流动过程。“曲径”不仅在时间上产生了延续，更在即将出现的“幽”中起到铺垫、暗示的作用。

中国古典园林空间的流动性是客观实体与主观感受相结合的一个动态体验过程，不仅体现出中国古典园林空间的多样性与复杂性，还体现出园林整体空间的系统关联性。道家的“气”的概念被古人运用到园林空间的营建中，也为现代人们在园林空间上的研究、实践提供了依据。

（三）装裱中的空间文化

空间的装裱是指空间的外在艺术表现形式与风格，它使整个空间系统被赋予了一种文化精神，为冰冷而机械的空间系统注入了情感。园林空间的装裱是园林空间的外在表现形式，是园林空间中最直观地展现在人们眼前，最容易被人们了解的部分。本节将在前人研究的基础上，概括出中国古典园林空间装裱文化。

中国古典园林空间在中国传统文化的指导下，形成了围合内向中心式的流动空间体系，体现出中国人天人合一的哲学思想，使整个空间在流动中形成了一种生命的运动感。而外在的装裱赋予了园林空间最直观的文化意义，使整个园林空间拥有了一种人文精神。中国古典园林空间外在的装裱倾向于体现自然风格，使人身处独具匠心的人工空间体系中仍能感受到天然野趣之乐。园林中的自然空间主要由山石、水体、草木等元素来进行装裱。这些自然元素也是中国古典园林被称为自然式园林的一个重要原因。仅自然元素自身无法完成全部中国古典园林空间的装裱，园林空间中无处不在的书画楹联，赋予了整个园林空间一种中国古典文人气质，使其成了风雅之所，充满诗情画意。自然和人文的两大元素使园林空间得到了进一步升华，从而使中国古典园林真正地成为一件精美绝伦的艺术品。

意境是中国所有艺术形式追求的最终目标。通过它，不同的艺术形式得以相互渗透融合，成为一个艺术综合体。中国古典园林空间就是这样的一个艺术综合体，其中所体现的诗情画意、光阴流转等特点包含了多种中国文人式艺术，并通过它使人产生思想情感上的共鸣。中国古典园林意境主要由主题、自然和时空三大要素构成。主题要素主要通过诗词、匾额、立石等点出或暗示，自然要素则包括植物山水等，时空要素需要借助日月星空、光影交替、花草季相等关联想象而得。三大要素共同作用，使客观的园林空间通过主观的感知，得到又一次的升华和提炼。

二、古典园林空间文化与现代园林的结合

（一）表象构架——装裱性元素

园林空间中的装裱性元素为整个空间系统赋予了文化精神，为空间注入了情感。中国古典园林空间中的装裱性元素是园林空间最直观地展现在人们眼前的部分，表现出统一而又多样的艺术风格，也是最直观体现民族性特征的空间元素。

宋代以后的中国古典园林空间越来越小，但所蕴含的内容却越来越丰富，空间中的装裱性元素在表现自然山林野趣的同时，也体现出了中国古代文人士大夫的文学艺术品味——园林空间流淌着诗意，凝固着音乐。其中的装裱性元素主要可分为自然与人文两大类，自然性装裱元素主要包括山石、水体、草木等元素；人文性装裱元素则包括书画楹联、祥瑞符纹等元素，充分体现出了民族文化特色。而现代多元文化背景下，人们的审美观同古人之间产生了较大的差别，单纯地照搬中国古典园林空间中的装裱性元素已不符合现代园林空间的艺术审美需要，因而空间装裱性元素在与现代园林结合的过程中仍需要进一步地提炼。

中国古典园林空间中的装裱性元素同现代园林的结合可以从结构、材料、质感以及色彩四个方面进行，通过多重的组合方式，产生创新的可能。从图 5-3 中我们可以看出，加入现代园林元素之后，出现了超越传统但又有所传承的创新可能。然而，并不是所有的问题都可以通过简单的排列组合得到解决，还需从众多的可能性当中找出传统与现代之间真正的平衡点。要达到传统与现代之间的平衡，一是要通过装裱性元素自身的重构，二是要使新旧元素相辅相成。

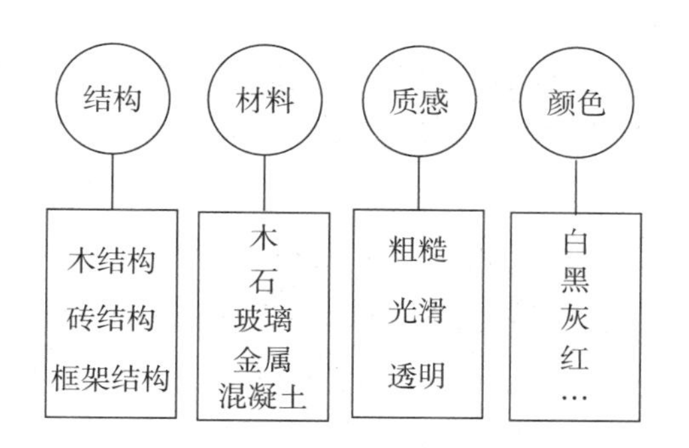

图 5-3　装裱性元素属性解构

重构指分解原来元素的基本属性以及构成关系，根据新的审美需求重新组合，形成一个全新的元素。

例如，北京奥林匹克公园中心区下沉庭院的设计中很好地运用了重构的手法，将中国传统文化元素与现代园林的空间装裱相结合，形成了新的民族特色装裱元素。一号庭院中宫门的设计（图 5-4），保留了传统皇家宫殿屋顶的曲线形态意象，并运用新的钢架材料，与传统红色的宫墙形成鲜明的对比，加上自身体量的主体优势，使这个下沉庭院既具有传统的北京地域特色，又充满现代设计气息。

图 5-4　北京奥林匹克公园中心区宫门的设计

（二）意向架构——空间形态

在中国古典园林空间文化结构中，空间形态作为连结形而下与形而上构架的中间构架，发挥着十分重要的枢纽作用。中国古典园林的动态空间形态作为中国园林空间艺术的精华，具有主客观相交融的双重特点。中国的建造师们基于传统文化中哲学思想的指导，通过对空间结构框架进行二次分割以及对空间体验路线进行精心组织，将整个园林空间拆分重组为一个形态丰富、动态渗透的关联系统，使园林形成了相互渗透的次级空间，空间的内边界大大超过了外边界，从而产生了更为丰富的效果，产生了空间变换的无限可能性。

中国古典园林空间的“越拆越小，越隔越大”，体现出一种整体大于部分之和的空间效应。从戚宏对苏州网师园整体空间格局的演变过程（图5-5）的分析可以看出：古典园林空间结构主体框架的拆分，虚实相生、化整为零；继而进行交错组合，衍生出进退相宜、错落有致的次级空间，从最初的以实围虚逐渐演化到以虚围实。

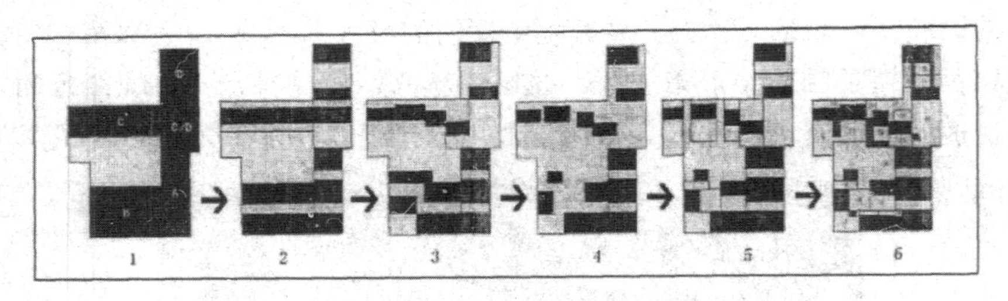

图 5-5　网师园平面空间格局演变过程图

这种平面拆分与重组的空间处理手法同园路相结合，引导视点漫游于预设的路径中，感受匠心独具的空间变换。经过分析，我们可以发现：中国古典园林中，视线与路径之间往往是不重合的——见者不可达，达者未曾见，能够使人产生移步易景的空间体验。这些处理手法从本质上来说是一种空间的错位，但又不是完全地错开，而是给人一种若即若离的主观先导，从而使得各个次级空间之间既保持自身的独立性，又与其他次级空间之间拥有一定的关联性。而这种空间关联错位的手法经过多重的叠加效应之后，使人产生了空间景深上的视觉误导，将园林空间无形地放大，通过客观上虚实之间的相互渗透、主观上的无限关联统一，形成动态流动的园林空间体系。

现代空间理论同样强调有机空间的流动性，使整个空间体系由静态转变为动态、间断转变为连续。密斯设计的巴塞罗那世博会德国馆作为现代建筑早期的经典之作，其整个空间中的界面都独立成片状，次级空间之间的边界通过这些分离的片状界面变得模糊，相互融合渗透，形成“流动空间”。

王向荣与林符2007年在厦门园博会设计师展园中的竹园设计（图5-6）将中国古典园林动态式的空间形态与现代园林相结合，利用墙体在空间中进行灵活的分隔与穿插，形成次级空间，使人们在行进的过程中，视线与路线的方向发生错位，达到移步易景的空间效果；同时还巧妙地利用了水体以及平台，在竖向上与水平面发生错位，使视点放低，产生新的体验感。墙体在空间中灵活穿插，拆分出关联性次级空间的同时，也丰富了景深的层次感，并与中心的水面相结合，从而在无形中扩大了有限围合中心的空间感。

图 5-6　厦门园博会设计师展园中的竹园设计

中国古典园林空间文化中空间形态的流动性同现代空间中的“流动空间”理论不谋而合。两种手段对空间的作用方式也大同小异。现代园林空间在与古典园林空间形态结合的过程中，在保持民族性特征的同时，积极主动地吸收现代空间理论实践的新观点，不断创新改良。

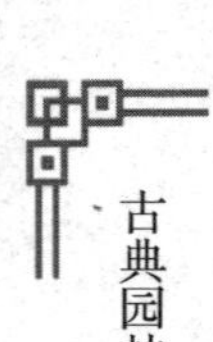

（三）意境构架——空间意境

意境在中国古典园林空间文化结构中属于第三层构架内容，是基于表象构架与意象构架的主观性层面。中国古典园林空间的意境包括了空间无限性、诗情画意等内容；现代园林空间的意境则在现代多元文化的背景之下，相应地转变为对空间的冥想以及对地域文化的强调，从而在形而上的层面上继承了中国古典园林的空间意境表达手法。本节将讨论客观现实中中国古典园林空间意境与现代园林的结合。

中国古典园林意境主要由主题、自然和时空三大要素构成，主题要素主要通过诗词章句、匾额立石等点出或暗示，自然要素则通过植物山水等构成，时空要素则需要通过借助日月星空、空间流转、植物季相等冥想而得；而现代园林空间则通过现代园林小品的点题或是对不同功能性空间进行文化主题的定义等设计手法来突出空间的精神实质，唤起现代人日渐缺失的归属感。

本书以北京奥林匹克公园中心区下沉庭院设计为例（图 5–7），结合中国古典园林空间文化整体构架的应用，阐明现代园林的空间意境表达方式。

图 5–7　北京奥林匹克公园下沉庭院

北京奥林匹克公园中心区下沉庭院以“开放的紫禁城”作为设计理念，设计了一系列具有鲜明中国传统文化特色的主题下沉庭院。

整个下沉庭院空间以强烈而浓郁的中国红作为空间色彩的主基调，

以一个叙事性的空间秩序串联出7个主题独立而又相互关联的线性庭院序列。这7个主题性庭院依次为：1号院“御道宫门”，2号院“古木花亭”，3号院“礼乐重门”，4、5号院“穿越瀛洲”，6号院“合院谐趣”，7号院“水印长天”。建造师灵活运用中国式空间原型中“围合—中心—秩序”以及“围合—中心—关联”的手法，构建出由7个部分组成的叙事空间的线性结构。1号庭院的红色宫门的主体景观作为整个下沉庭院空间的入口标志，在体现自身现代设计感的同时，又象征了传统庭园封闭界域观的打破，很好地呼应了“开放的紫禁城”这一设计理念。

在各庭院空间的内部，建造师通过对中国传统建筑元素的重构提炼，对空间进行装裱修饰，使中国传统文化与现代文化相交融，体现出北京作为明清皇城的地域文化特色。同时，庭园空间中还不时穿插有富含现代文化主题元素的雕塑小品，在传承空间文化的同时，凸显新的文化元素，为空间注入新的生命力。

在对空间形态的处理上，建造师将紫禁城封闭的红色城墙断开，以渗透、贯穿的手法分隔庭园的空间结构，形成关联体系，灵活运用富有中国北方建筑特色的红墙与灰墙，进一步创造出动态的流动空间，使各次级空间之间相互关联，使空间有了无限之感。

在局部的庭院空间中，2号院“古木花亭”打破传统四合院空间的封闭性，去除了外围墙体，使围合中心与外界空间通过建筑之间的空隙而发生空间的渗透关联，形成“院中院”的格局，在丰富空间的内部层次的同时，进一步加强了局部庭园空间自身的系统性。

第三节　古典园林艺术元素的现代化应用

在几千年的园林发展历程中，苏州古典园林的营建手法逐步完善，并在近现代结合了新的景观设计方法、理念、营造材料等，焕发出勃勃生机。本节以苏州古典园林艺术元素为例，阐述其在现代景观中的应用为中国传统居住形式、庭院精神意境的继承以及中式园林的创新提供丰富的实践经验。

一、中国古典园林中建筑元素的现代化应用

（一）亭

《园冶》中写道："亭者，停也。人所停集也。"亭的主要用途是供人们休憩、停留。亭是园林景观的重要组成部分。

精致的挂落、飞翘的戗角是苏州古典园林中的亭子的代表性构件，如图 5-8 所示。

图 5-8　苏州古典园林中亭子的代表性构件

方亭是亭子中常见的一种形式，一般多为正多边形，常见的有四角、六角等形式。

苏州观前街附近游园中有一座仿古的四角亭（图 5-9），与植被、山石等构成园林景观。

图 5-9　观前街四角亭

如图 5-10 所示，平江路上的三吴亭为六角亭，临桥头而建，可供居民和游人休憩、观景，配以廊道及垂直绿化景观，意境优美。

图 5-10　平江路三吴亭

在斜塘老街上，有一处双亭（图 5-11），其上悬挂匾额，柱上漆有对联，配合空阔的广场和亭后的绿化，极富古典园林气息。

图 5-11　斜塘老街双亭

半亭，也称为半山亭。半山亭因为只有一半亭子的形式，需要有一定的依附才能稳定存在，所以常依墙体、房屋，山石等而建。

广济公园中的半亭（图 5-12），依墙而建，配合参天树木等，形成了一道古色古香的园林风景。

图 5-12　广济公园半亭

（二）廊

廊在古典园林中既是联系其他建筑的脉络，又是风景的导游线，与其他类型的建筑一起组合造景。在中国古典园林中，较少有单独建廊的建筑景观。水面需廊作特殊用途时，会偶有廊的形式出现。现代的街边建筑中，仿古屋檐挑出的檐面有时也采用半廊的样式。

苏州人民桥桥头两侧的长廊（图 5-13），在灯光的照射下，与道路一起构成较为独特的景观。

图 5-13　苏州人民桥

相门附近的过街廊桥（图 5-14）是人行高架建筑的一个典范。建造者可以结合精巧的廊式结构建造过街天桥，使其与路面植物、建筑背景配合，共同构成建筑景观。

图 5-14　相门过街廊桥

（三）榭、舫

在古典园林建筑景观中，榭与舫多属临水建筑，可独立成为建筑景观。现代常采用榭的外观及屋面形式等。舫因其特殊的造型、功用与环境条件，在现代景观中较少运用。

如图 5-15 所示，在园林的一处转角处，榭与廊、亭相连接，结合古树和碧水蓝天，构成古典式的园林景观。

图 5-15　榭与廊、亭相连接

（四）墙与洞门、空窗、漏窗

墙与洞门、空窗、漏窗等在现代景观中的应用具有共性，均是通过不同的开洞、破窗方式，在墙面上进行艺术创作，使生硬、呆板的墙面变得生动活泼，形成不同的墙体画面。洞门、空窗和漏窗还能使内外空间互相渗透、连接，使观景视线不断延伸扩展。墙的造型、结构、组成、修饰等充满古色古香的韵味，给景观带来较好的补充。

干将路上一处公交站台（图 5-16）采用了洞门、漏窗等元素。墙面中间用了古典花格造型的洞门，两边用的是古纹样花格窗的造型。在灯光的照射下，景观较为别致。

图 5-16　干将路公交站

（五）建筑小品

建筑小品是建筑场所常用的装饰物体，在景观中起着渲染气氛、强化神韵的作用，适宜、得当的建筑小品能产生较好的景观效果，给人留下深刻的印象。现代景观中常见的建筑小品有石雕、柱、花架、石桌和石凳、雕像等。在实际运用中，一些景观采用了灵活多变的手法，使用了带有石刻、木雕、古典纹理等园林元素的物品（如门楼、牌坊、站台、路灯、垃圾桶、指示牌等）。这些也可以归为景观小品一类。

苏州火车站广场上的仿古雕塑（图 5-17）是苏州历史文化的宣传与展示媒介，大大丰富了广场景观。

图 5-17　苏州火车站广场雕塑

在苏州某住宅小区，古色古香的入口与两侧郁郁葱葱的植物景观共同组成生动的画面，如图 5–18 所示。

图 5–18　苏州某住宅小区入口

二、苏州古典园林中山石元素的现代化应用

苏州山石造景中常用的天然石材有太湖石、笋石、黄石等。山石造景常见的类型有人工堆叠的假山和直接摆放的置石两种形式。假山因利用材料的种类和占比的不同，可分为土山、石山和土石相间的山。山石造景均以自然山体为蓝本，运用天然山石叠砌出微型“真山”造型，体现大自然的神韵和精华，使人从中领略自然山水意境，从而有置身于自然山林之感。置石造景也是常用的山石造景手法。置石中的特置、对置、散置和群置等几种形式较为常见。

（一）道路、广场

苏州的道路、广场中的山石以太湖石居多。太湖石精美灵透，常以独置、群置的方式出现。黄石、笋石等也常以群置方式散置于树下、草坪中，与植物和其他元素一起构景。此外，片石也会运用于水石盆或街头小景中。

干将路上的独置太湖石不仅搭配了立式松树等，还配以色彩艳丽的地被花卉，形成了较为多变的色彩丰富的组合景观。间胥路和干将路绿化带中的群置太湖石，高低和体量不同，配以美人蕉、苏铁、五针松、杜鹃等。太湖石体量大的散置数量较少，体量小的散置数量相对较多，组合有序多变。

火车站广场上的独置太湖石，周围点缀有南天竹、五针松、杜鹃等植物，配置方式灵活多变。高新区马运路靠近汽车城和桐泾南路一处的水石盆景中，片石的组合方式和纹理各不相同，构成悬崖峭壁的动势美。

（二）历史街区

在苏州的历史街区景观中，山石景观与亭、廊、植物等组合，共同构成景观。此外，山石景观较常见的运用方式还有点置一块较大的景石，竖立在历史街区的入口处、主景点的入口处，其上刻字介绍或题名点景。

石路步行街入口处的孤置石（图 5-19）上刻有介绍，四边环以节日花带，丰富了街道景观，也阻断了车流，保证人行安全。

图 5-19　石路步行街入口处的孤置石

山塘街头将山石进行打磨，拼装成不同的造型，形成极具韵味的园林小景，如图 5-20 所示。

图 5-20　山塘街石景

（三）河道水体

苏州河道水体中的山石景观主要是指在驳岸边的山石景观，山石常利用自然的悬挑、缩退之势，根据高低错落之形、大小各异的体量分别配置，形成浑然一体的感觉。新建水景或水流较小的水面也常见自然土坡驳岸，零星点缀有石块，配一些护坡植物。驳岸也是水景的组成部分，在苏州古典园林中，驳岸往往采用自然山石砌筑的方式，以太湖石为主，也有以黄石和青石来构筑的。山石景观与建筑、花木结合，组成美妙的组合景观。

斜塘老街中的一处滨水景观（图 5-21），有太湖石、五针松、桂花等，与街边的古典式建筑共同组成美妙的景观。

图 5-21　斜塘老街的滨水景观

在某学校的人工湖边，建造者堆砌太湖石，结合六角亭和荷塘，搭配出幽静的风景，如图 5-22 所示。

图 5-22　人工湖景观

（四）居住区域

苏州古典园林中的山石景观艺术体现了人们对自然的崇尚，对返璞归真的向往。在现代居住区中，假山庭院景观已越来越受到居民的喜爱。

在个别庭院或小组团公用绿地中，人们常设有小型山石景观，在门口或较大面积的绿地中，常以孤置石点缀景观，主要表现山石的个体美或局部组合；在新建的面积较大的居住区的公共绿地中，有时会出现体量较大的假山，有的假山还与水、亭、榭和廊等配合，点缀庭院风景，营造自然山水意境。

某小区旁，人们将置石作为标识使用，并注意与植物搭配造景，形成较好的小区入口景观（图 5-23）。

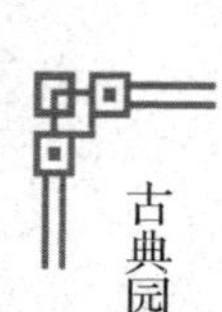

图 5-23　居住区石景

（五）公园、休闲绿地

在苏州的公园与休闲绿地中，因造景空间大小各异，山石景观的种类较为丰富，山石常围合在水边，做铺地的边缘；置石也是公园、休闲绿地中常用的手法，多结合一些植物、亭、廊等景物共同构景。

石湖景区的置石与周围的植物等形成非常有标志性的园林式景观，如图 5-24 所示。

图 5-24　苏州的公园石景

三、苏州古典园林中理水艺术的现代化应用

苏州水资源丰富，河道密布，为依水建城的典型。水是生命之源，也是文化之母。苏州的建造者把握苏州地域特色，根据苏州河道不同的地域小环境与承载的不同阶段历史文化，塑造了具有地方特色的江南水文化，实现文化、水体、城镇的综合发展。

近年来，在苏州水体（河道、水池、湖等）景观的建设中，建造者多结合苏州古典园林造园中理水的理念，通过与水体相结合的多种元素的运用，修复、恢复水体生态、历史景观，对水体周边环境进行改造，绿化、亮化、美化水边建筑及增设景观小品等，增设休闲、旅游、文化娱乐等功能设施，改善水体周围综合环境，提升江南水乡水体景观的形象，提高水景观的吸引力，使河道水体最大限度地服务人民。

（一）道路、广场

在苏州的道路中，有的建筑与河道紧邻，推窗就可见到水景；有的道路与河道紧邻，形成河道纵横、河路相间街道布局。道路、广场中的水景观主要是自然分布的河湖和规则的人工水池景观。由于车、人流量较大，沿道路河边驳岸基本全部硬化，还增添了防护栏，以保障路基牢固和行人安全。苏州的道路、广场中的水景观主要由道路与河道、建筑与河道以及桥梁、植物等组成。

以苏州人民桥为例。夜晚在灯光照射下，人民桥、水体及倒影组成美妙的景观，如图 5-25 所示。

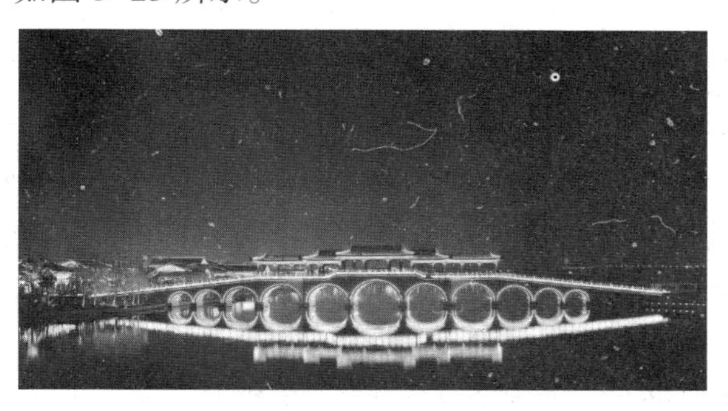

图 5-25　苏州人民桥夜景

（二）历史街区

苏州享有盛名的历史街区有着建筑与水、路并行的江南水乡景观，格局上均是典型的“人家尽枕河”的布置。住户推开窗就可观水景，还可利用水来进行物资运输，洗涤日常生活用品等。水面上款式多样、精巧的桥又能点缀水景，使河水与房屋、桥等构成丰富的江南特色河道景观。现在居住在历史街区河道上的居民还开办了一些与历史风俗相关的水上游船项目，进一步丰富了水上活动的内容。水上活动也给水面增添了丰富的景观。

以千灯古镇为例，古镇的河道两侧均有建筑，建筑错落有致，河中有船通行，加上远处的桥，共同构成传统的河道景观，如图 5-26 所示。

图 5-26　苏州千灯古镇水景

（三）居住区

苏州居住区丰富的水体景观，具有降尘、净化空气、调节空气湿度等作用。目前，居住区的水体景观一般以人造水景为主，后期物业维护费用较高，住户和管理者难以承受，水景最终因缺乏管理而成为一潭死水，甚至出现水干涸或变臭等情况。因此，我们在居住区设置水景时，要考虑其可持续性，用新型水景元素打造生态节能的水景观。设置水景时，我们要考虑小区的地下水位、洪涝对地块的影响，以及地块本身和相邻水域的水系条件，将整个住宅区的水利用及水处理系统作为一个有机整体来考虑，充分利用原有水系，并充分利用区域内雨水，促进地表水的渗漏。

图 5-27 所示为某小区内的大水池，水池与池边简易的亭子、曲桥、植物等共同组成水景观。

图 5-27　某小区水景

图 5-28 所示为某小区中的水景，水面上设置了大小不同的汀步石，使水面增加了野趣。

图 5-28　某小区水景

（四）公园、休闲绿地

苏州古典园林具有“有山皆是园，无水不成景”的明显特征，现代公园、休闲绿地的造景也普遍引入水景观，利用水体来进行休闲空间艺术创作。特别是桥与水的组合方式更是公园、休闲绿地中的景观设置常见方式。

在现代公园、休闲绿地中，水景的表现方式较多。建造者常从听觉、视觉、触觉等方向来创设水景，如音乐喷泉、瀑布、戏水池等。根据水面大小、风格的不同，还可设计静水面和动水面景观，与假山、亭、廊、榭、桥、水上植物、水边植物等共同组成景观。

四、苏州古典园林中植物元素的现代化应用

苏州古典园林常选用香樟、松、竹、梅、芭蕉、凌霄等植物。这些植物绝大多数为乡土树种，不但有利于生态稳定，而且养护管理成本低廉。造景时，有的会根据要求将植物修剪成一定造型。在苏州古典园林中，苏式盆景的运用较为广泛，其中的树桩盆景造型手法最具有代表性。树桩盆景造型手法即利用棕绳、铅丝等扎片，盘枝，使植物具有盘曲蜿蜒的造型，加上合适的盆，配以周边环境，构成有生命的图画。造型用的代表植物有梅、罗汉松、五针松等，可与石、墙、水等配合，构成具有不同意境的画面。

我们选用植物时，应注意乡土性与多样性，以常绿树为主，注意常绿树与落叶树的合理搭配，应充分利用本地优势树种，将植物与假山石、建筑小品等恰当地配置在一起，构成精美景观。

（一）道路、广场

在苏州的主要道路与广场，植物造景常采取与苏州古典园林相同的植物品种。在道路、广场的绿化带，人们常用桂树、红枫、五针松等。临近水边的植物多为柳树、云南黄馨、迎春、金钟花等。道路和广场的植物常采取单株点景，或多株片植，群植，并与其他植物共同构景。

深秋季节，苏州的道路多以银杏为主，朴树等为辅，形成叶色美艳、引人注目的道路景观，如图 5–29 所示。

图 5-29 苏州的道旁银杏

在石湖东入口广场上，建造者采用杜鹃进行色块植物布置。苏州工业园区一条大道的绿化带上，上层采用香樟，中层利用海桐，做成具有变化的条带，丰富了绿化层次。

（二）历史街区

在历史街区中，因用来种植植物的空间大多很狭小，故种植的植物种类相对较少，主要有竹、芭蕉、柳、松、香樟、梧桐等。这些植物多植在河道边、建筑门旁、屋基处等，常以单株种植的方式与其他景物共同构景。如斜塘老街上，水边的多种水生植物与古典式建筑搭配，形成清新、秀丽的景观。

（三）居住区

苏州新建居住区域的绿地率要求达到 50% 以上。居住区域内的植物造景，特别是在植物的竖向组合上，提倡采用乔木、灌木、地被、草坪的合理组合，提高单位面积的绿量，为小区营造一个宜居环境空间。居住区域多采用孤植的形式布置植物。不同的植物有不同的特性，如叶有阔叶、针叶之分，树干有直、曲、斜之分，表面有光滑、粗糙之分，树枝有上仰、下垂或聚散之分，树冠有伞形、塔形、圆球形之分，花更有形状、色彩、气味等特征的不同。我们根据植物各自的特征来安排小区内植物的种植，可以达到美化住宅小区环境和增加生态多样性的目的，形成丰富的植物景观。有的小区还以某一种植物来命名，提升小区的植物文化建设[①]。

例如，某居住区域内种植了多品种的植物。春天，不同植物组成不同色调的春景图。某居民住宅围墙上的垂直绿化植物为常见植物凌霄、藤本蔷薇。花开时节，满园生辉，生硬的墙面充满生机，如图 5-30 所示。

图 5-30　居民住宅外的藤蔓

（四）公园、休闲绿地

在公园、休闲绿地的植物景观营造中，因植物所形成的空间与服务的人群不同，会产生一些差异。我们常用篱植的方式，围合成各类空间；用条带式栽植的方式，形成自然式的大曲线，或形成规则式的几何图形或直线；用丛植、片植的形式，产生总体构图上的起伏、疏密的变化。有的公园、休闲绿地的植物还采用了点、线、面相结合的种植形式。

在植物造景时，大家应注意发挥植物本身的特性，及植物组合后互相之间的生态性、美观性，对乔木、灌木、草进行合理的搭配，将人工生态系统与自然生态系统相结合，实现生态综合效益最大化，为游人提供一个良好的游憩、休闲的绿色空间。

① 谢兰曼，张铁峰，马忆君．古典园林艺术的现代应用 [M]. 武汉：华中科技大学出版社 .2015：38-50.

第六章 生态理念视域下对城市未来景观设计的审视

第一节 生态理念与城市景观设计

一、城市景观设计中的生态理念

城市的景观结构是一个动态的系统，处在持续的变化与发展之中。它所产生的变化是由结构内不同因素改变引发的。在某一些因素产生变化时，它就借助一些规律来影响结构内的其他因素。城市生态系统和自然生态系统有很大的区别，不过在发展阶段上也有着自然生态系统的特性，在发展中也存在着激变时期与平稳时期，即城市的景观结构也追求平衡。城市景观产生的变化是由城市的景观结构内全部的因素改变产生的合力推动的，这样的变化并不一定与主导因素产生的变化趋势相同，有的时候还会出现相反的情况。所以，我们只有对引起城市的景观变化的主导因素做出正确判断，全方面把握城市景观具备的结构，才可以真正准确地将城市景观结构内各因素及主导的因素之间的互动作用预测出来，进而正确地对城市的景观发展方向做出预测。我们只有掌握了具体城市的景观结构，充分地认识城市景观发展的主导因素与合理因素以后，才可以制订与城市未来的发展利益最吻合的设计规划，才可以保证城市景观朝着合理而健康的方向发展。

在设计景观的过程中，我们忽视了对具体城市景观结构的分析研究，就容易按照主观意愿对城市景观发展方向与主导因素做出设定，制订与城市景观发展规律不吻合的设计规划方案，不仅浪费设计人员的精力与时间，而且易导致城市的景观结构畸形。

城市的发展是一个连续的过程。空间与时间这两个维度对城市景观环境的变化有着一定的作用。从空间的角度上来说，居住在城市中的人需要得到景观设计所提供的物质元素。而从时间的层面上来看，人类的存在以及人类创造的一切事物都是有着时间性的，不是孤立存在的。因此，我们将影响城市景观的因素分成三个大类型，分别是人力、自然与社会。自然很好理解，就是城市周边的自然环境，这是城市景观的基础，城市景观的设计都植根于这个基础。从这个角度上来说，地形、气候、植被、水体等共同构成了城市的景观自然因素。

地形。所有的城市都营建于一定的自然环境中，而不同的城市周边，环境不同，有的可能会有丘陵、山峰等。因此在对城市景观进行规划时，应该将地形特征考虑进来，这样才能够设计完美的城市景观。例如，城市附近有山峰存在的时候，整座城市的空间结构就变得复杂。广西桂林是一个以山水闻名的城市，我们可以通过将山峰设置为背景的方式，让这种独特的风景与城市景观融合在一起。

水体。水体是城市中一个比较特殊的存在。南方的很多城市中都有水体存在。大到江湖海，小到水池喷泉，都属于水体，它们是城市景观中最富有特点的自然生态。城市景观学说一般将水体分为自然与人工两种。在城市的景观设计中，在架构中添加水体会让整个景观的风格有非常大的变化。水体比土地更生动，不管是蜿蜒的还是辽阔的，不管是奔腾的还是沉默的，水体都会给人不同的感受，增添神秘感与生动感。现在城市中的人工水体有喷泉、人工湖等。这些人工水体可以给人们带来全新的感受。水体同时也是城市景观中一个很重要的组成部分。

植被。植被在景观设计中的地位是不言而喻的，而景观设计中的植被大多是乔木、灌木、花卉、草坪等。乔木比较伟岸，在空间上有很大的审美价值；灌木为丛生状态，与地表相邻，让人觉得亲切；花卉有着艳丽的花色、馥郁的花香、优美的姿态，为景观环境增添了亮点；草坪则能够成为城市中绿化建设的标杆性存在。有机的植物组合伴随着四季的变化而改变，给城市带来无尽的魅力。

二、城市景观生态系统的特征及构成

（一）城市景观生态系统的特征

城市景观是以人为本的生态单元，这也是城市景观与自然景观最大的区别。城市是人类文明的产物。目前世界上有很多超大型城市，这些城市占地面积很广，居住人口也很多，对自然生态系统有非常大的影响。而不同地区的城市，生态特征也有所不同。一般城市中的生态系统都是对该地区历史文化特征与社会经济的发展情况的反映。城市的内部、城市和城市外部的系统间能量的交换，全都是通过人类的行为进行的。城市景观在一定程度上是易于改变的。我们总用日新月异来形容城市的变化。城市变化受很多因素的影响，变化速度很快，变化方向很多。在很多新规划的城市中，老城区的范围很小，对其进行生态改造是极为容易的。而新规划的城市一般都会将生态因素考虑进去，这对生态城市的建设有很大的好处。城市景观具有不稳定的特征。现代城市的发展方向是多个城市的连接，相邻的城市有时候也会互相影响，使城市景观发生变化。而从生态系统的角度来说，城市生态系统是依托于其他生态系统而存在的，这也是导致城市景观具备不稳定性的重要因素之一。

城市的景观具备破碎性。对于城市来说，道路是必不可免的，现在的道路越发复杂，而在景观中的道路会将整个景观分割开来。在观赏者看来，景观并不是一体的，而是分割开来的。这样的建造方法是没办法避免的，这也是城市景观与其他景观最大的不同之处。因此，在城市景观建造中，我们应该增加景观的层次感，减少观赏的突兀感。城市的很多区域都是按照不同功用进行区分的。这些区域在城市景观的层面上也能被视为斑块[①]。

城市景观具备层次感。城市属于相对集中的区域，受人为因素影响。

① 林鸽．探究园林景观生态规划设计与可持续发展[J]．智能城市，2020（8）：49-50.

从市中心到城市的边缘地区，人类活动强度呈递减的趋势，方式也随之产生变化，体现在人口的功能与密集的程度等方面，呈现出梯度性的递变形式。通常情况下，市中心建有大型的购物中心，行政部门等也处于这一区域中，朝外过渡是轻工业区、各类院校等，再往外就是重工业区、大型公园等。受不同的自然条件和城市历史的影响，这种梯度性通常有着不同的表现。

城市景观具备异质性。对于景观而言，异质性是其本质属性。所有的景观都是具备异质性的，城市景观也是如此。城市中的异质性是由人力产生的。就像城市中的道路、巷弄、绿化区域、桥梁等都是通过人力方式建造的。另外，自然生态系统也会让城市景观产生异质性，如河流等。城市景观的异质性从空间上来说，主要体现在地面上。例如，城市中的建筑、绿化区域、巷弄、河流都有不同的特性、不同的功能。即便是属于斑块的绿地，因为存在不同种类的功能，也具备不同的面貌，具备异质性。将城市景观中的某一个要素提取出来研究，其本身也有异质性。例如，城市公园里有很多不同的建筑物和植被，这些要素的功能都各不相同，而正是这一切的综合体才能够组成公园。在公园中，车行道、隔离带、行道树等也各自具备不一样的功能，使得道路廊道有了异质性的构成。

（二）城市景观生态系统的构成

根据景观生态学原理，城市景观能够被分成斑块、廊道、基质等几种不一样的景观元素。

斑块。斑块在城市景观内主要表现为各类既不相同又不间断的，呈区块分布的，有不同作用的功能区域。城市中最独特的区域当属树林、公园等，因为植被的覆盖率较高，它所具备的结构、外观及功能都和周边所有建筑物的情况有所不同。

廊道。城市中有很多不同的廊道，一般将其分成两个大类：自然廊道与人工廊道。自然廊道是江、河、湖以及一些由植被自然构成的景观路线。后者是以交通为目的的公路、铁路、街道等。城市中部分廊道具备特殊功能，如各个大型城市中的商业中心，此类建筑的汇集性能强，流动性大，非常复杂。

基质。基质是城市的基本结构。城市景观的建筑群体是占据主体地位的组成部分，这也是它和其他景观的区别之处。人类为生活、工作的便利，将各类具备不同性质、功能、形状的建筑物建立起来，构成城市的主体景观。廊道贯穿基质，即将其进行解构，同时将它们的相同之处标记出来。城市基质的界定十分困难。严格来说，对基质进行定义是需要考虑具体情况的。如果研究对象是整个城市的景观设计，那么城市中的每条街道都是斑块，而基质则是农田或者树林等自然景观或人工景观。

城市景观与自然景观不同，其主体是居民，并且城市景观中总会有人工的痕迹，这点在自然景观中并不存在。城市景观有易变性，并且层次感很强。这点也与自然景观有所区别。

三、城市景观设计中的生态系统的基本功能

生态系统的交互是通过输入与排出来进行的。在城市中建立自然生态系统是极为困难的。要想在城市建设中保持自然生态，我们需要将人类自身融入自然，改变人的生活观念，这样才能够让自然生态系统发挥作用，保护环境及自然景观，这就是城市生态系统具备的服务功能。正是这一功能的存在，才使城市景观生态环境可以得到维持与稳固。

城市中的景观生态系统可分为工业和城镇居住景观、自然景观、农业景观三种类别。它们具有文化支持的功能、环境服务的功能、生物生产的功能等。农业景观可以分为消费、生产、保护三种，并可进一步划分为生产型、保护型、消费型、调节型生态系统。农业景观必须要有一定的产能，而且这种生产机能是通过自我调节和调节环境获得的，这一调节产生的作用就是景观生态系统所具备的保护性功能。

人工管理下的有着经济开发意义的草地与林地系统、农田生态系统等都是具备生产性功能类型的景观生态系统。草地、林地以及一些非人力的景观全都属于保护型的生态方式。

第二节　生态理念在城市自然景观设计中的应用

一、绿化景观设计中的生态系统存在的问题

营造城市绿化景观为解决目前城市中存在的很多现实问题提供了新思路。在研究城市景观设计中，草地也是一个重要的研究对象。我们应该利用草地来设置各种自然生态系统。这样的景观设计虽然规模很小，但是在保护自然生态的层面上却有极为重要的作用。它在很大程度上改善了城市景观的整体生态设计。景观生态学为城市绿地系统改造提供强而有力的理论指导，使得城市的绿地系统与景观生态迈入了全新时代，也就是景观生态的规划时代。

城市的绿地系统主要具备保持城市生态系统的完整、改善局部微环境、降低污染等功能。同时，城市绿地系统还能产生城市景观的人文效应。

在最近几年的时间内，人们的生活水平不断提高，城市的生态意识也随之提高。过去，城市在绿地的布局上存在许多不合理之处。盲目引进外来物种，使得城市的绿地没有起到应该起的作用。草地本来能够通过规划成为隔断生产区域与生活区域的屏障，但很多时候只是作为一种摆设。这样的设计使得城市的架构存在着不协调的情况。在城市中大量栽种植物并不意味着城市本身就是生态城市。生态城市的建设目的并不是以自然为主，而是要使人类与自然互相依存。很多城市在生态城市的建设中加入了大量的绿色植物，这样的方式虽然在表面上看来有助于生态城市的建设，但实际上存在着很多不足，归纳起来大致可以分为以下几个方面。

一是规划过程没有合理设计。虽然很多城市做出很大的努力，去改善生活的环境，在城市很多区域做了绿化，但只是单纯地增加绿色植物，并没有从生态系统的角度出发进行设置。而在很多区域大面积地进行绿化设置，并没有对人们的生活有所帮助，相反还限制了人们的活动区域。很多绿地中没有设置让人通行的路径，因此人们只能远远地进行观看，无法与绿地亲密接触。

二是结构不合理，缺乏立体层次的绿化。20 世纪 60 年代，美国建造

了第一个现代空中花园。空中花园的诞生标志着一个新的建筑理念产生了。这种架构在很大程度上改变了原有的屋顶空置的模式，是特别具有创新意义的建筑方式，同时也能对城市小气候做出调节。这种模式可用于我国。屋顶绿化能够提高土地利用率，解决城市中存在的人多地少的问题。

景观设计过程中，我们应该利用所有的合理空间，不仅在地表栽种乔木、铺设草地等，且在建筑物的墙面上栽种爬山虎等，以达到最大限度的空间利用。在阳台方面，可对种植槽进行设计，方便用户栽植花草；在屋顶设计方面，可以铺设草坪，栽植矮小的花灌木。绿地系统是对城市的生态系统的必要的补充。

二、水景景观设计中的生态系统

在经济发展的过程中，一方面城市水力资源被极大地浪费。目前我国大多数城市都处于缺水的情况，生态系统在逐渐地退化，随之被不断削弱的还有生态功能。另一方面，城市人口激增，对水的需求量不断上升，与此同时，污水量增加，水体被污染。

河流是城市中非常重要的自然景观，但很多城市或水量不足，或被污染，河流已经不能作为城市居民生活用水的水源。河流的岸堤上，多为人工建成的绿化隔离带，这种隔离带并不能够起到保养水源的作用。草坪是目前城市中最重要的绿化设施之一。但是，草坪的根茎很浅，这就使得它无法改善地表深处的土壤环境。它的生态调节能力也很弱。建造草坪不仅会损耗水资源，而且会耗费土地的肥力，破坏土质。

现在，很多城市都建造了人工河。但在人工河的建造中，人们并没有将生态效应考虑在内。人工河的河水不断蒸发，而两旁的植被并不能够阻止其蒸发过程。因此，通过人工河增加城市湿度的想法是不可能实现的。自然河流则不同。自然河流与周围的土壤有着密切的关系，土壤和水体间不断进行能量交换，构成一个共生的体系。水流较缓的河流之中，动物、植物以及微生物一起构成水生态系统中的具备层级的一个群落结构。这个群落是自然生态系统中最基本的结构，它帮助生态系统完成自我净化、自我调节。因此，维护好自然水体的自我调节及自我净化的功能，实现系统的自我运行，不但能使水生态系统更加地稳固，还能

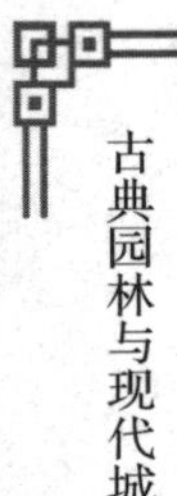

够减少运行花费的成本。

景观生态学归纳了斑块、廊道、基底的模式，这些模式在分析城市的水景观系统过程中也同样适用。在水景观内所说的斑块是与整体环境并不相同的独立元素，这些元素能够增加景观的层次，并且这些斑块本身也有一定的观赏价值，如水库、水池等。廊道则是在河流上面分布的一些不同形状的建筑。基底是河流内有着最广分布、最大连续性的背景结构。上述三类水上景观并没有十分确切的区别方法，它们的作用往往是混杂在一起的，如有些斑块也是基底的一部分。

很显然，水能够帮助城市解决气候问题，不过这只限于中小型城市。同时，城市水生态系统能够有效缓解热岛效应，确保城市的生物多样性。于特定的情况之下，如水在汽化的状态下，会出现许多负离子，对空气产生净化作用。

三、公园景观设计中的生态系统

目前，很多城市都兴建了大量的公园，而公园的存在就是为了改善城市居民的生活状况。因此，不管是在发达国家，还是在我国，目前的城市居住区的园林化都将人类向往更好地分自然融合的居住要求反映了出来。不管是田园城市的学说，还是其他类似学说，都力图让生产融入城市生态系统，而不是像以前一样剥离开来。加速发展的城市与城市公园现阶段存在的问题有着密不可分的关系。

就公园景观设计来说，其中存在的主要问题是：某些城市将公园当作“面子工程”，完全忽视其主要的作用与功能。在公园设置的过程中，专业的生态学与景观设计方面的人才缺乏。而仅从公园设计规划方面来说，也存在着许多问题，如片面强调景观美学，进而忽视人自身行为；追求局部的最高利益，导致公园整体空间效益减弱。

公园作为城市景观设计的一种，具有多重效用。第一，它是一个观赏性建筑，必须具备一定的景观功能。第二，它本身并不追求经济利益，因此不能在公园的设置上加入太多功利元素，而应该着重发展其实际效用。第三，城市中景观设计的主要目的是为了完善城市生态系统，因此应从生态学的角度出发进行建设，不能让公园成为城市中的孤岛。

对于前文所述的出现在城市公园景观设计中的问题，我们需要给予相应的应对策略。第一，我们应该从根本出发，了解公园在景观设计中的定位。根据定位，考虑其观赏性与生态性，最终确定建筑方向。第二，我们应考虑公园设置在城市规划中的地位。城市公园并不能独立存在，要结合城市规划来进行设计，最终让公园融入城市的自然生态系统中。第三，规划具体的公园景观时，不能单纯地引入植物和水，而要考虑其整体性与和谐性。第四，在公园的设计过程中，我们可以考虑将当地比较有文化意义的建筑元素加进来。这样既增加了公园的文化底蕴，又对公园的档次有了一定的提升。

第三节　生态理念在城市人工景观设计中的应用

一、建筑景观设计中的生态系统

在城市景观内，建筑占据着主体地位，这也是城市和其他生态系统景观的不同之处。人类为满足生产、生活及社会文化活动等的需求，将各类不同形状、性质、功能的建筑物建造在城市中间。这些建筑物就构成城市的主体结构。

城市中的建筑物一旦建成，在一段时期内就不会发生改变，而大量的建筑物很自然地成为城市生态系统的组成部分。城市中的生态景观建筑需要做到以下几点。

第一，注意建筑物及其周边环境的绿化程度。建筑物及周边环境的绿化程度已经成为评价该建筑是否绿色生态的重要因素。因此，在建筑设计中，我们既要保护原有的绿地，还要不断开发新的绿地，使建筑的绿化程度持续提高。在绿化措施上，可以考虑多种植树木和扩大草坪面积，增大绿色植物吸收二氧化碳的力度，使空气更加清新，并美化居住环境，保持人与生态之间的平衡。

第二，注意对人文景观的保护。我们要加强保护周边的人文景观，不得擅自破坏文化古迹及有价值的建筑遗址。人文景观还可以体现在建筑空间内，包括室内设计和富有装饰性的家具、能够反映当地人文历史的书画挂件等。地域文化能够丰富建筑的内涵，提升建筑的品位，给人们带来更多的归属感与满足感。例如，沈阳曾是满族执政者的首都，而沈阳故宫是当时满族统治者居住的地方。沈阳故宫的保存状况非常好，我们能从中看出满族建筑艺术与汉族建筑艺术的融合。

第三，注意对清洁能源的开发应用。“低碳生活”“注重环境保护和生态建设”已经成为建筑的一个特殊的生态标签。“低碳生活”的基础是节能降耗。我们应在保障人们舒适、健康生活的前提下，尽量地减少能源消耗，节约有限的能源，大力推广清洁能源的开发与使用。

第四，对布局的合理设计应用。景观的布局朝向应当合理，无论是形体的布置还是内部的构造，都要以采光通风、降低能耗为前提。如今，太阳能的使用越来越普及，这种清洁能源的采集也非常方便，但要有合适的建筑朝向才能使太阳能的利用更加充分。良好的室内采光，不但能减少电能的消耗，还能让人们更多地生活在自然光线中，保持心情的愉悦。室内的通风条件好，则有利于人们的身体健康。建筑的形体布置尽量不要偏大，这样能够降低冬夏的能耗。建筑与装潢的材料应考虑到保温隔热的效果，在提升居住舒适度的同时，最大限度地节省能源。

第五，注意对资源的循环使用。一些建筑资源可以重复使用，这一理念被越来越多的建筑设计师所认可。当一座建筑被拆除时，其中包含的建筑材料如木料、钢筋、玻璃、墙砖等，要尽量回收使用。在保证建筑物的安全性的前提下，形成一个良性的循环，最大限度地减少建造新建筑的成本。一些老建筑的内部结构已经老化，我们可以利用先进的技术对其进行改造，满足人们新的需求，并节省建造新建筑的建设成本，从一定程度上增加社会财富的积累。

总而言之，基于生态理论的建筑设计，既要加强绿化工程，又应注重资源利用，以降低能耗及建筑成本为重要推手，以保障人们的身心健康为核心，结合可持续发展理念，打造安全健康、舒适自然的生活环境与工作环境，全面提升人们的生活品位。

二、道路景观设计中的生态系统

城市中的道路是不可或缺的，但目前由道路而产生的生态问题也不容忽视。由道路产生的生态问题包括汽车交通问题、道路排水问题、道路路面污染问题及不良建设模式问题等。

随着经济的发展，汽车拥有量持续增加。汽车交通发展造成的生态问题包括空气污染、交通噪声污染等。汽车使用的能源在使用过程中会排放很多有害气体，大自然很难对其进行净化，由此也对大气层造成很大的污染，也就对城市造成污染。汽车尾气污染的范围很大，并且对人们的生活有非常大的影响。它不只是危害人类健康，还对动植物产生不良影响。最为显著的一个实例就是在交通拥挤的城市中，其主干道两侧植物的生长状态和速度远远不及交通流量小的地区。

交通噪声污染是汽车交通问题的一个方面。汽车在行进中会产生各种各样的噪声，而这种噪声在短时间内根本无法根除。汽车噪声不但对车内人产生直接危害，还会在很大程度上影响到道路周围的人。

大家设计道路景观时，会对排水方式做一些改动。现在城市里的下水道系统替代了自然生态中的沟渠排水方式，这改变了自然生态系统的净化方式。很多垃圾与微粒混杂着雨水，进入城市排水系统，再进入湖泊生态系统之中，这又间接造成了湖泊的污染。

目前，城市中的道路大多是柏油马路。夏天，在日照强烈的情况下，这种马路散发的热量与气味影响着道路周围的生态环境与居住环境。一般情况下，沥青路面使用的年限是 8 至 15 年，沥青路面使用过程中会出现老化与变脆的情况。经汽车反复碾压，沥青路表面的有害物质将伴随洒水车的水或是雨水一并流入下水道，最后进入湖泊、河流，在很大程度上影响生态环境。

此外，道路修建中一些不良的建筑模式也影响了生态系统环境。有些城市在道路修建的过程中，不注意保护生态环境，修建了很多建筑。这种情况不仅影响整体了景观，还对城市设计造成很大的破坏。有些城市在道路修建的时候，不注意对环境的保护，在修建地区大量取土，对当地环境有很恶劣的影响。有的城市在道路设计与垂直布线的过程中，不关注水面上、山上的敏感的生态因素，采用不恰当的技术措施，导致泥石流与山体的滑坡的发生。不良建筑模式造成的负面影响持续时间很长、影响范围很广，不但了破坏生态环境，还在很大程度上影响到工程建设项目本身的功能发挥。

三、广场景观设计中的生态系统

现在，国内的每个城市都建造了大量的广场，广场成为市民日常休闲生活的重要场所。广场属于公益性建筑，其在城市中的地位非常重要。目前，国内建成的广场在生态上有着不尽如人意之处，具体的表现为：（1）广场一般都是采用水泥等铺就，绿化设施非常少。广场上肯定要铺一定范围的硬化地面，但是这样的钢筋混凝土的架构缺少亲和力，让居民对广场没有足够的认同感。这种硬化地面也会在一定程度上减少人们在广场上活动的时间，这一点在夏季尤为明显。（2）广场上布置过多的草坪，灌木与乔木太少。草坪虽然能对开阔的露天广场的绿化产生一定作用，但是过多的草坪会增加成本，给后期管理带来困难。过多的绿化还会影响居民使用广场的体验。因此，单纯地通过设置草坪来加大绿化的面积并不能让居民在使用上有更多的好的感受。此外，国内的广场景观设计还存在缺乏城市本土的文化特色、缺乏历史传承、缺乏资源的循环利用等问题。

针对以上情况，我们应该做到以下几点。

第一，我们应立足于本土文化的运用，进行广场景观设计。不同的民族有不同的生活风俗与文化习俗，各个城市与省份也有截然不同的文化特色。设计师应找出本土化特征并将此运用于广场景观设计中，以设计体现本土化特征的景观环境。

第二，景观设计者应该从创新的角度出发，对具体地区的具体情形做深入的研究，最终设计出适合当地的景观。景观设计不仅有着生态意义，而且因为它的定位是景观，就必须在观赏性方面下很大的功夫[①]。

第三，循环使用建筑材料，提高建筑的使用寿命。对于拆除的、可循环利用的各种建筑资源，在不危害安全的情况下，尽量重复使用。同时，我们可将“人”“建筑”“自然”三个因素结合起来，科学、合理地规划布局，提高建筑物的性能，并加快新技术的研发速度，提升建筑的使用寿命。例如，天津市拥有独特的地理位置和丰富的历史文化。天津市修建的广场依托多条滨河廊道，形成具有城市水缘文化特征的广场。

---

① 梁旖轩．我国城市景观设计中的生态审视[D].江苏：南京林业大学，2015.

其广场设计由高出水面的大平台和下沉于顶部的大平台两大部分组成，中间由台阶连接，形成不同层次的平台结构设计，展现了天津市各类建筑风格。

第四节 现代城市景观的可持续发展道路

一、城市景观可持续发展的提出

20 世纪 60 年代以来，现代科技与生产力的迅猛发展既提高了城市的现代化程度，也为城市景观的持续发展带来了许多消极影响。传统城市景观受到现代社会方方面面的冲击，使城市历史、文化的延续性受到破坏，而适应新的城市生活模式和新的价值观的城市景观发展方向尚在探索中，许多城市的景观发展呈现无序混乱的局面。究其深层的原因，本书认为有以下的几点。

（1）现代商业、现代交通的迅速发展使城市传统公共空间消失，社区网络、邻里结构等遭到破坏，取而代之的讲求效率、追求流动性的街道和体现纪念性的广场反而使市民远离了社会交往。

（2）20 世纪初兴起的，统治了建筑界、规划界大半个世纪的现代主义设计思潮对传统城市景观产生了巨大的冲击。一方面，“国际式”建筑的泛滥使城市景观的可识别性逐步消失，市民对城市的认同感、归属感降低；另一方面，现代主义的功能分区原则导致亦居亦商、丰富多元的传统社区被明确分区，被刻意追求私密性、安静性的居民新村所代替。而功能的单一导致特定时空居民社会角色的单一、社会交往的减少，难以形成丰富的社区网络及守望互助的邻里关系。

（3）以“成本—效益”为基础的房地产的迅速发展及其对经济效益最大化的追求，有效的社会制约机制的缺乏，导致大量有价值而无经济效益的历史建筑、街区被高利润的房地产项目所取代，而正是这种简单的大规模的开发改造导致了传统城市景观的逐渐消失。

（4）进入信息时代后，由于信息社会要求人们迅速、快捷地捕捉信息，人们对事物的认识开始趋于表面，而不重本质，城市景观的设计也日益趋向表面化、流动性。同时，由于信息媒体的全球性传播及其无孔不入的扩张力，国际化、标准化、统一化成为新的时尚潮流，而这两点也模糊了城市景观与社会、历史、文化之间的有意义的联系，不同地域文化、景观的独特价值被摒弃。也正是在这种时代背景下，大量的追求个人表现的、纯理性的、抽象性的，远离历史、文化传统的建筑出现。城市景观呈现无序发展的状态。

那么，什么是城市景观的可持续发展呢？我们可以从“可持续发展”的内涵来理解。“可持续发展”包含了两层意思：一是“可持续”，即保证自然界、人类社会的持续发展不人为使其间断，出现不可逆转的后果；保护现有的物质文化资源，使当代与子孙后代享有同等的使用权。二是“发展”，即在保证“可持续”的基础上，寻求合适的发展道路，使人类社会朝着更文明、更进步的方向持续发展。“城市景观的可持续发展”可以具体理解为：保护有价值的传统城市景观，使其在当代与未来之间延续与发展；努力创造优良的城市景观环境，促进城市景观有序健康发展，满足城市居民不断发展的，对城市景观的生理、心理需求，并体现时代的特征，简单说就是“保护与发展”。这两点看似矛盾，实际是统一的，互相促进的。保护是为了让城市景观更好发展，而发展是保护的根本目的，同时又为保护传统景观提供有力的支持。“城市景观可持续发展”的根本目的在于使城市“连向历史，通向未来”。这种观念体现了现代人对待作为人类社会文化资源重要组成部分的城市景观的态度，体现了城市发展的未来取向。

通过对城市景观发展历史的研究，我们知道大多数传统城市的景观发展是持续的，而这种城市景观发展的持续性正是其魅力与生命力的体现。水城威尼斯的圣马可广场吸引人之处不仅在于其空间的精妙组织，也在于广场周围不同时期的历史建筑带给人的那种历史沧桑感和延续性。而巴西首都巴西利亚作为现代城市，虽经规划师、建筑师的精心规划设计，终因其城市景观缺乏历史延续性而得不到市民的认同，成为城市设计史上的失败案例。

城市景观发展的持续性首先缘于人类社会发展的历史延续性。人类社会自蛮荒时代发展至今，虽历经战争、灾害、政权更迭，但其发展的轨迹始终是在波折中连续向前，历史从未被割断，任何一个时代的发展进步总是建立在上一个时代的物质、精神成果之上的。作为人类社会发展的重要载体的城市，其发展也必然呈现出持续性，并在城市景观上得以体现。城市景观的持续性其次是由人的心理特性与需求促成的。心理学研究表明人类对自身的历史、熟悉的环境有一种认同感和归属感，同时人类也需要一个相对稳定的场所。作为城市景观塑造者的人类在为满足新的需求而改造城市景观的同时，也尽力延续往日熟悉的生活环境与感受，从而使城市景观的发展呈现持续性特征。

二、城市景观设计中的可持续发展原则

城市可持续发展的原则是在维护生态平衡的观点上提出的。人们通过对城市系统的研究分析，探索出城市发展与生态环境的一个平衡点，并以最少最小的资源消耗，最大限度地满足人类的需求。坚持城市景观可持续发展原则就是在保证自然生态平衡的基础上，加强对城市环境的设计和建设，从自然生态和社会心理两个方面去创造一种能充分融合技术和自然的人类活动的最优环境，从而达到人与社会、人与自然、社会与自然之间的平衡发展。这一原则以保护环境、维护生态平衡为中心，并指导城市的规划设计。

在城市景观设计中贯彻可持续发展的原则，加强城市建设与生态环境之间的融合，尊重自然，既使景观自身具有合理使用功能，又维护了生态平衡，实现了自然与社会的和谐统一。城市景观设计可持续发展原则的实施主要表现在以下的几个方面：土地使用的高效性原则、能源使用的高效性原则、植物配置的生态性原则、水资源的利用和保护原则。

（一）土地使用的高效性原则

土地是人类赖以生存的基础。加强土地使用的合理性和高效性对于城市可持续化发展具有十分重要的作用。土地作为一个固有资源，如何发挥它最大的利用率是城市建设必须要考虑的问题。坚持土地使用高效性原则，首先要在有限的用地上，建立多层次的立体化的景观环境；其次要提高绿化效率，建立人与绿地之间和谐相处的立体交叉布局；再其

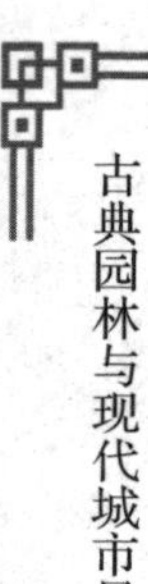

次要提高城市景观环境的可视度，营造一个舒适的城市形象；最后要引进先进的现代化技术，改变传统景观的单一性，营造一个丰富多彩的城市景观设计。

（二）能源使用的高效性原则

在城市化进程中，我们对能源的需求也越来越大，能源问题已经成了制约我国社会经济发展的一个大问题。加强城市景观的可持续建设，最主要的一个环节是坚持能源使用的高效性原则。能源使用的高效性并不只是指节能，而是站在更高的角度，从保护环境的角度去认识和了解能源的利用，这样才能缓解能源紧张问题。

（三）植物配置的生态性原则

在城市系统中，绿地系统完善与否对城市的环境品质好坏起着至关重要的关系。环境对一个城市的影响涉及多个方面。植物配置的生态型原则规划设计不是仅从植物本身系统出发，而是要结合多方面，从自然与人类之间的和谐的角度出发，为人们提供一个舒适的、适宜的生存环境，同时满足人们对自然的向往和对精神世界的追求。城市景观的设计一是要尽可能地向周边的自然环境靠拢，维护生态的平衡稳定，遵循植物配置的结构特征，建立适宜的复合群落，保证城市景观的和谐统一；二是要积极地引进新品种，提高生物的多样性；三是要根据城市的发展特点，加强植被建设与城市景观形态的融合。

（四）水资源的利用和保护原则

人类的生存和发展与水是直接联系在一起的。水资源是生态环境中的重要组成部分。若不能有效地利用和保护水资源，将对人类的生存和延续造成危害。我国目前的城市景观用水主要还是以传统的人工地面灌水为主，这就造成了水资源的浪费。我们应在城市景观中，加强水资源的节约与利用，主要措施有：加强中水的利用、雨水的汇集系统的规划设计、节水灌溉系统的运用、地下水和地表水的互动运用等。

三、可持续发展的城市景观的设计要素

（一）生态设计

合理的自然评估与生态设计是城市景观可持续发展的重要环节，需要考虑的因素主要包括土壤、水体、植物等，要在因地制宜的原则下，进行土地利用、水体净化与循环使用、植物配置等设计工作。针对不同的自然要素，我们需要采用不同的生态技术方法。本书主要从土壤、水体和植物这三个主要方面进行分析。

1. 土壤

城市景观的可持续性与土地利用息息相关，甚至有学者认为景观生态学就是一门关乎土地研究的学问。土地具有时间属性和空间属性。不同的时空尺度下，土地的可持续性有差异，也就是不同区域的土壤具有较大的差异性，同一区域的不同场地的土壤也不同。因此，了解当地的土壤结构和内容有利于场地划分和植物选择。例如，滨水带适宜选择耐水的植被类型，盐碱地则宜选择耐盐碱的植物类型，一些需要改善的土地可以结合湿地、池塘等加以改造，以改善土壤结构，实现土地利用的可持续性。

对于盐碱地区的生态修复，除了采取增加植被的方法之外，也可以通过物理方法和化学方法进行。第一种物理方法是改造地形，如以梯田或者台地的方式抬高地形并构造空间，促进排水；第二种物理方法是利用淡水对盐碱土壤进行淋洗，改良土壤的物理结构。化学方法主要是指以微生物作用于土壤，改变土壤的酸碱度。常见的材料包括原木屑、树叶、泥炭等。

2. 水体

水体一直是城市景观关注的重要内容。目前常用的水体生态设计方法包括修建人工生态湿地、雨水花园、屋顶花园等。对于工业区周边被污染的水体，我们在设计的时候，首先要考虑污水治理，使其符合景观水体标准，再进行利用。越来越多的滨水景观加入了水体净化的环节。例如，在生态湿地的设计中，通过池塘等的设置，形成有秩序的净化体

系，实现水体的生态可持续性。有研究表明，多水塘系统对污染物的净化能力与水塘的深度和库容有直接且重要的关系，因此，在设计之前，合理评估、预测、量化指标是十分必要的。随着技术的发展，现代景观设计往往会加入新型的技术手段如紫外线净化设施，也可以结合其他学科，类似生物工程、土壤工程等，更好地完成水体的生态设计。

现在，越来越多的滨水景观抛弃了规则式硬质驳岸，采用软质的生态驳岸。软质生态驳岸的完成离不开一些可持续材料的使用。例如，堆叠的石块可以在涨水时形成一个缓冲区，同时在视觉上形成一个与自然融合的景观；滨水景观步道的铺装采用透水材料，可促进雨水的回收利用；合理选择种植植物，营建丰富多样的生物环境。

3. 植物

在设计工作展开之前，我们首先要对当地的植物群落有所了解，以使用本土植物为主。在场地较为复杂或者存在外来植物侵入的情况下，要事先清理场地的外来植物，保证其以后不会对场地产生不良的影响。若有需要使用外来物种的情况，则需要慎重选择，可以在设计之初结合生物工程进行一些试验。植物品种实验不仅可以应用到外来植物的选择中，也可以应用在本地植物的选择上。针对不同的土壤条件和环境，选择适应性最强的植物，体现了植物选择的可持续性。

植物景观设计的可持续性除了上文提到的种类选择外，也包括植被的群落配置。植物景观设计在横向与纵向上都要遵循可持续发展原则。横向的可持续性原则主要是指根据土壤条件和环境要求配置不同的植物，体现植物设计的生态性原则和弹性原则。如防风带要种植一些根系牢固的植物，防火林内要选择不易燃的植被类型，生态湿地要选择湿生植物等。一些专类园的设计也能够体现横向的可持续性。如硕果累累的果园、以观赏金黄的植物为主的金色园、根据物种分类的牡丹园和郁金香园、别具一格的岩生植物园等，这些植物专类主题园不仅风格突出，而且可以起到科普教育的作用。。

纵向的可持续性原则一方面是指在空间上植物的群落配置要有层次性，另一方面是指在时间上要考虑季节性。在纵向空间上，根据需要，我们可选择乔木、灌木、花草、地被等，营造不同的空间体验。如树影斑驳的林荫小路、宽敞舒适的阳光草坪、高篱围合的私密空间、美丽多姿的花海等。在时间上，我们要考虑植物配置的季节性，一般来讲要突出一季或二季、兼顾四季。如北方的一些城市，春天主要观赏春花植物；夏天植物生长茂盛，观赏性极强；秋天相比较而言，适宜欣赏落叶；冬天主要是观赏常绿植物和一些可观枝干、观树姿的植物。春夏的植物观赏性较强，而冬季相对较弱，所以在群落中要添加一些常绿的植物种类，让冬季的植物景观看起来不是过于单调。

（二）景观空间

可持续景观的设计要结合周边场地、建筑的类型，使景观与周边环境更好地融合。园内的建筑形式与材质的选择也可以结合其他景观设施，形成景观的统一性和连贯性。城市景观的空间要注重多元化，通过设计营造各种各样的空间类型，如开放的空间、围合的空间、热闹的空间、静谧的空间等。在公园中设计慢行系统和绿色廊道有助于实现景观的可持续性。人们通过散步、跑步、骑行等运动形式使用公园的慢行系统，锻炼了身体。绿色廊道的构建不仅有利于公园的可持续发展，同时也对周边的场地产生了积极的作用，将绿色蔓延到居住区等，提升了居住者生活的环境质量，改善了城市的整体风貌。

（三）景观功能

生态功能是城市景观的重要功能之一。景观功能的可持续性除了体现在上文提到的生态设计中，还体现在景观的季节性设计、使用群体的年龄考虑以及功能的自由性和多元性。景观的季节性考虑主要是指同一个活动场地在不同的季节都能有不同的使用形式。例如，在一些北方城市的公园中常见的喷泉广场，一般情况下，只有在夏天的时候才会有水，小孩子们会在里面嬉戏玩耍，而到了冬天，这里就变成萧瑟空旷的场地。而在冬天将其变成滑冰场是解决这一问题的好方法，实现了景观功能和场地利用的可持续性，让使用者在四季都能够参与活动。

在设计中考虑使用群体的年龄也是景观功能可持续性的体现，除了一些特定的公园类型，公园的活动场地类型应尽可能多元化，既有老年

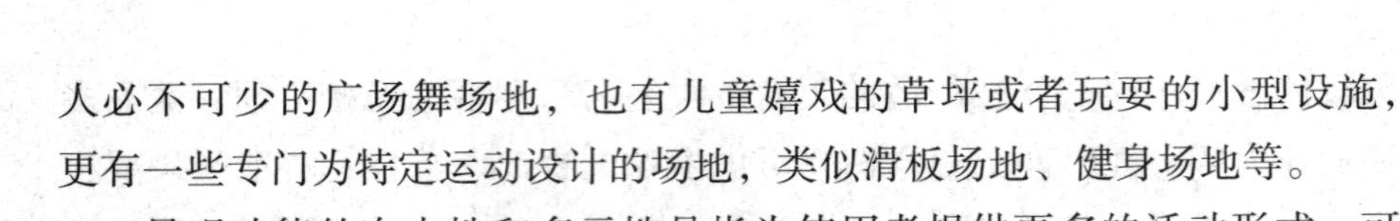

人必不可少的广场舞场地，也有儿童嬉戏的草坪或者玩耍的小型设施，更有一些专门为特定运动设计的场地，类似滑板场地、健身场地等。

景观功能的自由性和多元性是指为使用者提供更多的活动形式，可以是充满艺术性的、创造性的，或者是具有纪念意义的。例如，在国外的公园中，一些艺术家会选择将自己的艺术作品放在公园里进行展览或者与游客进行互动。这种活动又增加了景观的观赏性和趣味性。一些具有纪念意义的景观形式也具有可持续性。例如，愿望树、姻缘桥等，人们利用红丝带或者锁头寄托了自己美好的愿望。在碧山宏茂桥公园，小朋友们可以将有自己签名的小艺术作品留在园内，这种具有特殊纪念意义的景观，不仅鼓励孩子们去亲近自然，热爱自然，同时提高了他们的艺术创作热情。

（四）景观设施

城市景观设施的可持续性可以通过设施材料和设施类型两方面来实现。在城市中，我们可以设置专门的自行车租赁点，让游客采用环保的形式在城市中娱乐。为了节省能源，我们可以采用一些节能景观设施如声控、光控、压力感应的照明设施，在节约能源的同时，减少不必要的光污染。

景观设施的材料选择也可以具有可持续性，体现在硬质材料和软质材料两个方面。例如，在布鲁克林大桥公园中，设计师选择了场地内原有的具有后工业风格的废弃材料，提高了回收材料的使用率，也保留了公园的后工业色彩，突出了场地的风格特点。以此类推，我们可以使用植被的落叶和原木屑做局部路径铺装材料，可以采用贝壳或者鹅卵石做滨海的景观的铺装材料。另一个体现可持续性的方法是使用环保材料，如使用透水材料等利于雨水的循环利用。此外，景观标识如园内植物或生物的科普教育牌、垃圾的分类说明牌、生态设计的原理讲解示意牌等，可传播知识，形成城市的自然课堂。

（五）历史文化

确保城市景观历史文化的可持续性发展的具体方法包括在生态设计中注重保护当地濒临灭绝的生物群体，提供栖息地；在植物设计方面，用独特的景观造型或者配置表达具有特殊寓意的植物，如桃树与李树的搭配寓意着桃李满天下；在景观设施上，可以利用能够唤起记忆的材质，也可设置一些具有历史内涵的雕塑景观，结合专业的科普教育标识，传播当地历史文化；还有一些纪念性主题公园如战后纪念公园，利用特殊的景观形式，表达对逝去的生命的缅怀与敬意。无论哪一种方式，只要能够勾起人们对过去的追忆，表达对历史文化的敬意，起到文化传播的作用，就成功地实现了历史文化在景观中的可持续性。

四、城市景观与生态城市建设的可持续发展战略思路

一个城市的生命力在于它的有效运作，包括它既能在外界的变化中维持一定的稳定性、连续性，又能不断地发展自身，以适应新的情况与需求。可持续发展的城市景观也应如此。以下几种方式将有助于城市景观可持续发展的实现。

（一）推行“以人为本”的设计观念

从现代主义的工业理性到后现代主义的视觉消费再到解构主义的纯粹理性，都未将关注点真正落到城市景观中的主体“人”上。进入20世纪90年代以后，有关设计观念的讨论出现一个转折，从社会变革、感知享受、自我个性迷恋转到了“从人文的角度去诠释人与其生活的世界关系，去度量我们的景观创造”上。只有这样，我们才能抓住城市景观历史发展进程中永恒不变的关键性因素——“人”，设计的城市景观才能经受住历史的检验，实现真正“可持续发展”。因此，城市景观生态规划必须突破已经滞后的景观规划理念——“城市美化运动”，以普遍缺乏的“个性化公共生活空间”的人本主义景观为建设理念。

（二）生态设计与生态建设

生态设计是建设可持续发展城市景观的有效手段。一方面，我们可以通过生态设计来实现对资源的高效利用，增强城市生态服务功能，是建设可持续发展城市景观的有效手效。另一方面，在我国城市景观设计中，我们要将自然环境的生态功能、审美功能等有机地结合起来，建立

生态功能良好的城市景观格局，使城市景观建设走向健康发展之路。另外，生态建设是我国城市景观可持续发展的必由之路。因此，我们应开展城市生态规划，促进城市从高速度、粗放型的外延式的发展模式向社会稳定、生态安全、生态功能健全的生态发展模式转变，促进资源的高效利用与循环再生，保护与培育城市生态服务功能。

（三）对传统城市景观的积极保护

对传统城市景观的保护不应该仅仅停留在表面层次上，进一步说，对传统城市景观的保护并不全是保持其形象风貌，也不只是对建筑的文化特征演化历史的静态保留，重要的是对形成该地区的建筑文化性的深层因素的留存和借用，即应当充分重视城市景观深层文化内涵的连续性。如今，大屋顶、假斗拱、历史风貌一条街在各大城市随处可见，但这种做法是真正意义上的对传统城市景观的重视吗？采用当地传统建筑的符号语言，尊重历史文脉没有错，但不能流于表面化、低级趣味的模仿。我们只有走出这样的传统城市景观建设及保护误区，才能真正实现城市景观历史、文化的延续发展。

（四）提高管理者的景观保护意识

城市管理者只有懂得了景观整体美和景观的科学价值，才能进行科学决策。过去相当长的一段时间里，由于一些管理者对保护生态环境的重要性认识不够，对城市环境建设投入不足，导致环保基础设施建设缓慢，城市生态工程实用技术开发、生态修复研究进展迟缓，难以满足快速发展的城市生态建设的要求。所以，必须提高管理部门和管理人员的认识水平，提高他们的景观保护意识。

我们必须认识到城市景观是不能最终被定型的，城市景观的规划、设计也不存在终极的目标，我们不可能也没有权力为子孙后代设定他们的时代的城市景观。在对待过去、现在、将来的态度上，我们应尊重历史，保持传统城市景观的延续性，同时努力塑造满足时代需求的城市景观，并确保这种发展不会对未来发展造成障碍。我们应以此来指导和规范我们的城市景观塑造活动。

[1] 周维权 . 中国古典园林史 [M]. 北京 : 清华大学出版社 .1999.

[2] 周武忠 . 理想家园 中西古典园林艺术比较 [M]. 南京 : 东南大学出版社 .2012.

[3] 马菁 . 虽由人作，宛自天开——中国古典园林艺术及其设计发展 [M]. 北京 : 中国纺织出版社 .2017.

[4] 李敏 . 现代城市绿地系统规划 [M]. 北京 : 中国建筑工业出版社 .2002.

[5] 谢兰曼 , 张铁峰 , 马忆君 . 古典园林艺术的现代应用 [M]. 武汉 : 华中科技大学出版社 .2015.

[6] 秦飞 , 李琳 . 徐派园林的学术定义 [J]. 园林 , 2019 (8) : 2–6.

[7] 盛丽 . 崇尚与控制——中西古典园林艺术差异比较 [J]. 现代园艺 , 2017 (15) : 84–85.

[8] 拉扎提 · 努尔兰 . 中西古典园林艺术之比较 [J]. 生物技术世界 , 2014 (10) : 7.

[9] 张健健 . 线与块 : 中西古典园林艺术形态的比较与分析 [J]. 贵州大学学报 (艺术版), 2013 (3) : 52–56.

[10] 姜斌 . 城市自然景观与市民心理健康 : 关键议题 [J]. 风景园林 , 2020 (9) : 17–23.

[11] 刘磊 . 城市园林景观美学特征浅析 [J]. 广东园林 , 1999 (1) : 27–29.

[12] 赵婧 . 景观设计的人文美学特征 [J]. 短篇小说 (原创版) , 2017 (2) : 100–101.

[13] 曾申菊 . 探讨城市园林景观的规划与发展方向 [J]. 智能城市 , 2020 (18) : 111–112.

[14] 陈文斌 . 中国传统文化元素在现代园林景观设计中的应用 [J]. 科技风 , 2018 (14) : 126.

[15] 王蓓 . 山水画元素在园林设计中的传承与发展 [J]. 现代商贸工业 , 2014 (12) : 85.
[16] 赵龙 . 古典元素在园林设计中的运用 [J]. 绿色科技 , 2011 (4) : 111–112.
[17] 周迎 . 浅论古典园林山石理景法及其在当代园林中的活用 [J]. 科技视界 , 2013 (28) : 276.
[18] 杨秀娟 . 中国古典园林中山石文化的起源与发展初探 [J]. 绿化与生活 , 2010 (5) : 8–10.
[19] 魏胜林 , 黄雯睿 , 仲笑林 . 现代风景园林山石理景对古典园林艺术与手法的继承和创新研究 [J]. 苏州教育学院学报 , 2009 (1) : 32–36.
[20] 沈萍 , 史倩云 . 现代景观对古典园林"理水"的创新 [J]. 美与时代（上）, 2020 (4) : 25–27.
[21] 吕媛 . 浅析古典园林的理水在现代水景中的传承 [J]. 城市建筑 , 2019 (24) : 106–107.
[22] 史汉 , 裴婧 . 拙政园理水手法对当代水景的启发研究 [J]. 明日风尚 , 2019 (15) : 50–51.
[23] 刘春源 . 中国古典园林植物景观配置的文化意蕴探究 [J]. 福建茶叶 , 2020, 42 (4) : 112–113.
[24] 吴洁 . 中国古典园林植物运用分析 [J]. 美与时代（上）, 2019 (04) : 53–54.
[25] 黄芮筠 . 中国古典园林植物景观配置的文化意蕴探讨 [J]. 现代园艺 , 2018 (6) : 151–152.
[26] 张斌 . 中国古典园林植物配置思想论析 [J]. 现代园艺 , 2015 (14) : 140.
[27] 韩舒 . "构园无格，借景有因"——中国园林艺术中的借景艺术 [J]. 现代物业 (中旬刊) , 2020 (3) : 178–179.
[28] 张小丽 , 向燕琼 , 杨丽环 . 借景造园手法在余荫山房中的重要性分析 [J]. 住宅与房地产 , 2019 (15) : 257.
[29] 张敏 . 中国古典园林审美鉴赏 [J]. 青年文学家 , 2015 (26) : 156–157.
[30] 李帆 . 中国古典园林设计艺术鉴赏 [J]. 四川建材 , 2007 (3) : 104–106.
[31] 王荣璟 . 城市园林景观中广场与道路的绿地设计研究 [J]. 居舍 , 2020 (16) : 133–134.

[32] 林玲 . 试论城市广场公园中的植物配置景观 [J]. 现代园艺 , 2018 (4) : 163–164.
[33] 胡靖 . 浅析当代城市街道景观中的设计创新 [J]. 西部皮革 , 2020 (18) : 27–28.
[34] 金煜 , 付宝春 , 马迎春 . 基于仿生设计学原理的景观设计——以山西农科院园艺所园区景观概念设计为例 [J]. 中国园艺文摘 , 2016 (12) : 104–106+237.
[35] 孙爽 . 分析园林景观设计中的“留白”艺术 [J]. 艺术品鉴 , 2020 (12) : 180–181.
[36] 徐冰心 . 中国山水画中的“留白”技法在园林景观设计中的应用 [J]. 河北农机 , 2018 (7) : 27–28.
[37] 朱凯 , 汤辉 , 陈亮明 . 浅谈城市绿色开敞空间的设计 [J]. 热带林业 , 2005 (1) : 32–34.
[38] 杨学成 , 林云 , 邱巧玲 . 城市开敞空间规划基本生态原理的应用实践——江门市城市绿地系统规划研究 [J]. 中国园林 , 2003 (3) : 69–72.
[39] 徐美叶 . 传统文化元素在现代园林设计中的应用 [J]. 山西农经 , 2017 (4) : 71.
[40] 曾旭 , 万一 . 新中式园林景观设计与中国传统文化元素 [J]. 现代园艺 , 2015 (22) : 110.
[41] 冷毅 . 现代风景园林设计中构成艺术元素的应用 [J]. 中国高新技术企业 , 2015 (26) : 56–57.
[42] 林鸽 . 探究园林景观生态规划设计与可持续发展 [J]. 智能城市 , 2020 (8) : 49–50.
[43] 范慧燕 . 可持续发展理念下城市园林景观设计探讨 [J]. 智能城市 , 2020 (18) : 29–30.
[44] 霍锐 . 中国传统自然式园林与西方传统规则式园林理水的比较研究 [D]. 北京 : 北京林业大学 , 2011.
[45] 赵玲 . 中国古典园林意境营造初探 [D]. 长沙 : 湖南师范大学 , 2010.
[46] 王智诚 . 城市公园中开敞式草坪空间使用情况及游客满意度评价 [D]. 合肥 : 安徽农业大学 , 2018.